国家科学技术学术著作出版基金资助出版

天地一体频谱认知智能丛书

电磁频谱数据挖掘理论与应用

吴启晖　丁国如　孙佳琛　著

科学出版社

北　京

内 容 简 介

本书系统地介绍了电磁频谱数据挖掘理论与应用,主要介绍作者在电磁频谱数据挖掘领域已公开发表的系列研究工作,内容包括:稳健的时域频谱数据挖掘、异构的空时频谱数据挖掘、多维的主动频谱数据挖掘、非线性协同频谱数据挖掘、群智的地理频谱数据挖掘和图像化的频谱数据挖掘等。

本书可供信息与通信工程、计算机科学与技术、数据挖掘、人工智能等领域的科研人员和工程技术人员使用,也可作为高等学校相关专业本科生、研究生的教材或教学参考书。

图书在版编目(CIP)数据

电磁频谱数据挖掘理论与应用/吴启晖,丁国如,孙佳琛著. —北京:科学出版社,2020.6

(天地一体频谱认知智能丛书)

ISBN 978-7-03-065368-0

I. ①电… II. ①吴… ②丁… ③孙… III. ①电磁波-频谱-数据处理-研究 IV. ①TN911.72

中国版本图书馆 CIP 数据核字 (2020) 第 093440 号

责任编辑:惠 雪 曾佳佳/责任校对:杨聪敏
责任印制:赵 博 /封面设计:许 瑞

科 学 出 版 社 出版

北京东黄城根北街 16 号
邮政编码:100717
http://www.sciencep.com

三河市春园印刷有限公司印刷

科学出版社发行 各地新华书店经销
*
2020 年 6 月第 一 版 开本:720×1000 1/16
2024 年 10 月第四次印刷 印张:14 插页:4
字数:280 000
定价:119.00 元
(如有印装质量问题,我社负责调换)

作 者 简 介

吴启晖，南京航空航天大学特聘教授，博士生导师，教育部长江学者特聘教授，国家百千万人才工程入选者，国家有突出贡献中青年专家，国务院政府特殊津贴获得者，IET Fellow；工信部通信科技委委员、工信部电磁频谱空间认知动态系统重点实验室主任、中国通信学会云计算与大数据专业委员会副主任；发表高水平学术论文 100 余篇，IEEE 期刊论文 70 余篇，ESI 高被引论文 7 篇，获 IEEE 信号处理协会最佳青年作者论文奖、IEEE 车载技术协会旗舰会议 VTC2014-Fall 最佳论文奖和 IEEE WCSP2009 最佳论文奖；获日内瓦国际发明展金奖 1 项、授权美国发明专利 2 项、国家或国防发明专利 24 项，提交并被采纳国际标准提案 5 项；获国家科技进步奖二等奖 1 项、省部级科技进步奖一等奖 3 项、二等奖 2 项、三等奖 7 项，有多项成果被应用于国防工程。主要围绕认知信息论、电磁空间频谱智能管控、天地一体化信息网络、无人机频谱认知展开研究，具体研究方向包括：认知无线电、大规模阵列信号处理、大数据分析、博弈理论方法、凸优化理论方法、机器学习(博弈学习、深度学习、强化学习、在线学习、统计学习、迁移学习)、认知抗干扰协议、认知波束通信、无人机认知通信、认知雷达通信一体等方向。

丁国如，陆军工程大学副教授，博士生导师。2008 年本科毕业于西安电子科技大学，2014 年博士毕业于原中国人民解放军理工大学，2015~2018 年在东南大学移动通信国家重点实验室从事博士后研究工作。2016 年先后获江苏省、全军和全国信息通信领域优秀博士学位论文奖，2017 年入选德国"洪堡学者"和中国科协"青年人才托举工程"，2018 年获第八届吴文俊人工智能优秀青年奖，2019 年获江苏省杰出青年基金资助，同年荣获第十四届 IEEE 通信学会亚太地区杰出青年学者奖。主持国家自然科学基金、中国博士后基金等项目，获国家科技进步奖一等奖 1 项、江苏省科学技术奖二等奖 1 项。曾受邀担任 *IEEE Journal on Selected Areas in Communications* 客座编委，*Journal of Communications and Information Networks* 编委，目前担任 *IEEE Transactions on Cognitive Communications and Networking*、*China Communications* 和《数据采集与处理》等国内外期刊编委。

"天地一体频谱认知智能丛书" 序

  天地一体化网络以其战略性、基础性、带动性和不可替代性的重要意义，成为发达国家国民经济和国家安全的重大基础设施。天地一体化网络包括：由各个轨道层面执行不同任务的卫星、航天飞机、火星探测器等节点组成的太空网络；飞机、热气球、飞艇、直升机、无人机等低空飞行器组成的邻近空间网络；轮船、潜艇、火车、汽车、坦克、手机等地面节点组成的地面网络。这种高度综合性的异构网络系统呈现出高动态、多层次、大时空、高延迟等特点，对于增强地面通信覆盖、海洋探测信息会聚、邻近空间飞行器运行、载人航天工程，以及自然灾害中应急通信等均有重大意义与实用价值。

  电磁频谱已经成为信息时代不可或缺的国家战略资源，是支持天地一体化网络的理想媒介。随着无线数据业务的快速增长，频谱需求也迅猛增长，而频谱资源是有限的，频谱稀缺问题日益突出，已经成为天地一体化网络发展的瓶颈。美国、欧盟正积极应对频谱资源稀缺问题，主要技术途径是通过频谱管理从静态分配模式向动态授权模式转变，从频谱独占模式向频谱共享模式转变，从而大幅提升频谱动态利用率。同时，由于频谱空间固有的开放性，非法无线设备违规利用无线频谱，干扰民航、高铁、地铁、卫星等事件屡有发生，甚至利用无线信号控制无人机炸弹破坏国家安全的重大活动，无线电秩序管理与频谱安全已成为社会安全稳定的重大课题。同样，电磁频谱空间也是继陆、海、空、天、网络之后的第六维作战空间，美国军事家认为"频谱和子弹一样重要"，失去制电磁权，必将失去制海权、制空权，夺取电磁频谱战优势对于维护国家安全至关重要。

  建立在认知科学、智能科学以及信息与控制理论基础之上的认知理论与技术，是解决频谱资源紧张、无线电秩序安全、电磁频谱战的重要手段，引入认知理论与技术对天地一体化网络的贡献主要体现在：推动天地一体化网络的频谱资源管理从条块分割的静态分配管理向资源共享的动态授权管理模式转变；推动频谱资源优化从相对简单局部的优化利用向复杂多层网络的优化利用模式转变；推动频谱环境、资源、需求等信息获取从封闭单一向开放多源模式转变。这些转变一旦得到解决，将为我国天地一体化网络的自主创新和跨越式发展提供有力支持。

  本丛书主要围绕"一个核心、两个飞翼"展开天地一体频谱认知智能领域的研究。"一个核心"就是以认知智能为核心，认知是智能的基础，智能是认知的目标，构成了高级智能的闭环，而认知又是以数据为基础，数据挖掘是认知的手段与方法；"两个飞翼"就是指电磁频谱空间与天地一体化网络领域，将认知智能与这两大领域相结合，实现理论联系实际的创新发展。

2020 年 3 月

前言
PREFACE

电磁频谱是无线信号赖以传输的媒介,是有限的自然资源。电磁频谱资源与水、土地、森林、矿藏一样是一种重要的国家战略资源,电磁频谱空间已成为继陆、海、空、天、网之后的第六维作战空间,电磁频谱领域的研究关乎国家信息化发展战略和信息化战争优势的确立。近年来,电磁频谱领域面临着严峻的挑战:

一是电磁频谱资源日益紧缺。移动互联网与物联网的快速发展催生了各种新型无线通信业务与应用,导致对电磁频谱资源的需求与日俱增,频谱赤字日益严峻,这已经成为无线通信发展的瓶颈,直接影响着通信系统的总体性能、运营商的网络能力和移动终端的用户体验,进一步影响着信息产业的发展。

二是电磁频谱秩序日趋严峻。随着无线电技术种类、业务类型、台站设备数量的急剧增加,电磁环境日益复杂,伪基站、黑广播、窃听器、干扰机、无线电作弊装置等非法用频电台严重扰乱频谱使用秩序,给重大活动(如国庆阅兵/奥运赛事/国际合作论坛)、公共交通(如民航/高铁/地铁)等带来严峻安全威胁,电磁频谱秩序管理与频谱安全已成为国家和社会安全稳定的重大课题。

三是电磁频谱战对抗日渐激烈。美国国防部将电磁频谱空间称为第六维作战空间,认为"21世纪掌握制电磁权与19世纪掌握制海权、20世纪掌握制空权一样具有决定意义,信息化战争中电磁频谱甚至比子弹更重要",如何在电磁频谱战场给予敌方威慑、夺取电磁频谱战优势,对于维护国家安全与形象至关重要。

建立在无线通信、频谱管理、机器学习、计算科学以及认知科学等基础之上的电磁频谱数据挖掘理论与方法为解决上述三个挑战提供了重要的技术途径。电磁频谱数据挖掘旨在解决"电磁频谱数据日益丰富而知识十分贫乏"的瓶颈问题。近年来,电磁频谱数据获取途径得到极大提升,呈现爆炸式增长,形成多源、海量、多维、异构电磁频谱大数据。然而,电磁频谱数据处理手段相对落后,使得这些电磁频谱数据长期躺在硬盘里、录入档案里或被删除。有数据固然好,如果没有分析利用,数据的价值就无法体现。因此,如何创新电磁频谱数据挖掘理论与方法,使这些宝贵的数据产生价值,有效服务于电磁频谱资源高效利用、电磁频谱秩序管理和电磁频谱战等,成为亟须解决的新课题。

数据挖掘的概念出现于 20 世纪 80 年代,至今取得了众多进展和丰硕成果,国内外已有许多经典论著问世。然而,面向电磁频谱领域的数据挖掘还是一个非常年轻并且快速成长的领域。数据挖掘早期主要是计算机科学的分支之一,2001 年,计算机科学家 Jiawei Han(韩家炜) 和 Micheline Kamber 出版了数据挖掘领域具有里程碑意义的著作 ——《数据挖掘:概念与技术》的第一版,从数据挖掘方法、系统、应用和研究方向等角度全面展示了数据挖掘领域的研究进展,给读者建立了一个学习数据挖掘的有组织的体系框架;随着数据挖掘领域新的成果不断涌现,2006 年和 2012 年他们又相继推出了该书的第二版和第三版,取得了巨大成功,激励着不同专业的读者参与到数据挖掘领域的研究中来。2006 年,我国摄影测量与遥感学家李德仁院士、计算机工程与人工智能专家李德毅院士和北京理工大学王树良教授合作出版了《空间数据挖掘理论与应用》这一力作,把计算机界数据挖掘的基本理论与由图形数据库、影像数据库和属性数据库集成的空间数据库特征相结合,把许多重要的结果统一到空间数据挖掘框架内,汇集成为一本系统的、可读性强的、理论联系实践的经典著作,让读者切实认识到空间数据挖掘的独特魅力和功能,获得国内外同行学者的广泛赞誉,2013 年出版了该书的第二版,2019 年出版了该书的第三版。

伴随着电磁频谱领域研究的重要性日益凸显,2010 年左右,面向电磁频谱领域的数据挖掘开始引起国内外学者们密切关注。然而,最开始电磁频谱领域的研究者们往往是信息与通信工程专业出身,不具备系统的数据挖掘理论知识;另一方面,计算机领域的数据挖掘专家又不能很好地理解电磁频谱领域的特殊专业背景。2008 年,本书第一作者在中欧认知无线电论坛上提出"多域认知"的概念,认为电磁频谱资源的高效利用和有效管控应当立足于对无线域、用户域、网络域和政策域等多域的综合认知。2009 年,其提出的多域认知概念和体系模型作为国家 973 项目"认知无线网络基础理论与关键技术"的子课题之一正式立项。研究工作深入开展一年后,如何使得多域认知概念落地生根,并形成理论体系成为摆在研究团队面前的难题。在课题需要和研究兴趣的双重驱动下,开始攻读博士学位的本书第二作者自学了数据挖掘、模式识别和机器学习等多门课程,边学边用,逐步探索多学科交叉融合的方法来研究电磁频谱领域的多域认知问题。经过多年的持续研究,作者团队深感传统研究方法的局限性,并在自己的研究和应用过程中努力突破其束缚，取得了一系列可喜的创新性成果，多数发表在 IEEE 期刊上，从而敲响了在信息通信科学领域进行电磁频谱数据挖掘理论与应用研究的战鼓。

作者所在的研究团队是由数十名教授、副教授、讲师、博士后、博士研究生和硕士研究生组成的老、中、青相结合的梯队，聚焦民用和军用共性关键技术，特别注重理论研究与工程实践紧密结合。先后主持与电磁频谱数据挖掘相关的国家 973 项目、国防 973 项目、国家 863 项目、国家重大科研仪器项目、国家自然科学基金重点项目、工信部国防基础重点项目、中国博士后基金特别资助项目等 20 余项。同时，部分理论成果也被成功地应用于短波通信频率优选系统、卫星频谱监测信息处理系统、车联网频谱共享系统、无人机频谱智能管控系统、民航电磁频谱智能感知系统等，取得重大社会经济效益。先后培养了数十名博士和硕士，在国内外公开发表了与本书主题相关的学术论文 50 余篇。

围绕 "电磁频谱数据日益丰富而知识十分贫乏" 这一瓶颈问题，作者把数据挖掘的基本理论与电磁频谱的时-空-频-能等多维属性特征相结合，对电磁频谱数据挖掘的理论、方法及其应用进行了研究和探索，现将其中代表性研究成果进行加工和整理，汇集成为一本较为系统的、理论联系实践的书——《电磁频谱数据挖掘理论与应用》，旨在为广大的科研工作者、工程技术人员在电磁频谱领域研究中提供参考，吸引更多的优秀专业人才加入电磁频谱领域的研究中来。

本书从阐述电磁频谱数据挖掘的由来入手，介绍了研究背景和意义；从已有的应用举例和潜在的应用畅想等角度枚举了电磁频谱数据挖掘的价值，主要包括未来移动通信系统中的动态频谱共享、下一代短波通信系统中的频率优选、电磁频谱资源智能管理、频谱态势信息获取以及频谱监控与频谱执法等；从稳健的时域频谱数据挖掘、异构的空时频谱数据挖掘、多维的主动频谱数据挖掘、非线性协同频谱数据挖掘、群智的地理频谱数据挖掘和图像化的频谱数据挖掘等具体理论与应用展开论述，系统地梳理了作者团队在电磁频谱数据挖掘领域的代表性研究成果。可以说，本书是作者与研究团队集体智慧的结晶。其中，第一作者和第二作者对全书进行了缜密的构思和组织，并一起执笔完成了本书的撰写，第三作者执笔完成了第 8 章的初稿，并参与了全书的写作修订。

本书相关内容的完成，以下专家给予了很多宝贵建议：陆军工程大学国家短波通信工程技术研究中心王金龙院士、沈良教授、任国春教授、陈瑾教授、徐以涛教授、蔡跃明教授；加拿大工程院院士 Yu-Dong Yao 教授；美国罗格斯大学电气与计算机系的 Yingying (Jennifer) Chen 教授；美国休斯顿大学电气与计算机工程系的 Zhu Han 教授；英国南安普顿大学电子与计算机科学学院的 Lajos Hanzo 教授等，在此一并表示感谢！

作者特别感谢德国亚琛工业大学无线网络系的 Petri Mähönen 教授和 Matthias Wellens 博士，他们向作者无私提供超过 100GB 的无线频谱实测数据，这些数据的采集和整理工作花费了他们大量的时间和精力，体现了他们严谨治学与开放共享的科学精神，这些实测数据帮助作者获得了许多有价值的信息，验证了本书部分算法的有效性。

作者感谢先后毕业于认知无线电研究组的郑学强、张晓、刘鑫、杨旸、李柏文、姚俊楠、黄育侦、徐煜华、周广素、刘琼俐、丁茜、向啸田、孙晶、韩寒、闵能、谭成、安阳、张宗胜、张尧然、王慧锋、李小强、杜智勇、杜珺、姚昌华、殷文龙、王龙、吴杜成、秦志强、孙有铭、冯烁、邱俊飞、阚常聚、张林元、张玉立、薛震、邱俊飞、岳亮、郑泽、唐梦云、张静、於凌、聂光明等，正是他们一届又一届的学术坚守与努力攻关为本书相关研究内容的深入开展打下了坚实的基础。特别感谢邱俊飞，在他攻读硕士学位期间，本书第一作者和第二作者共同指导他完成了本书第 2 章和第 10 章涉及的部分研究工作。

作者特别感谢科学出版社的惠雪编辑，她的艰辛劳动，促成了本书的顺利完稿和出版。

感谢所有曾经、正在或将要鼓励和帮助我们研究电磁频谱数据挖掘的单位和个人。

本书的部分研究内容得到了国家科学技术学术著作出版基金、国家自然科学基金 (编号：61631020, 61871398, 61931011)、江苏省自然科学基金杰出青年基金 (编号：BK20190030)、国家重点研发计划课题 (编号：2018YFB1801103) 和科技创新 2030—"新一代人工智能" 重大项目课题 (编号：2018AAA0102303) 的资助，特此致谢。

我们深知，本书所反映的研究工作虽然取得了一定进展，但是对于整个电磁频谱数据挖掘领域来说，我们的成果只是 "沧海一粟"。尽管我们几易其稿，可是，受研究深度、广度和水平所限，本书只能是抛砖引玉，书中难免存在疏漏和不足之处，敬请广大读者批评和指正。

作　者

2020 年 1 月于南京

CONTENTS

主要符号说明

x	scalar	标量
$\boldsymbol{x}$	vector	矢量
$\boldsymbol{X}$	matrix	矩阵
$\mathcal{A}$	set	集合
$|\mathcal{A}|$	cardinality of the set $\mathcal{A}$	集合 $\mathcal{A}$ 的势
$\max / \min (\cdot)$	maximum/minimum value	最大/小值
$||\boldsymbol{X}||_{\mathrm{F}}$	Frobenius norm	Frobenius 模
$\mathrm{rank}(\boldsymbol{X})$	rank	矩阵的秩

第 1 章 绪 论

> 除了上帝，任何人都必须用数据说话。
>
> —— 谚语

近年来，电磁频谱数据获取途径得到极大提升，呈现爆炸式增长，形成多源、海量、多维、异构电磁频谱大数据。然而，电磁频谱数据处理手段相对落后，使得这些电磁频谱数据长期躺在硬盘里、录入档案里或被删除。有数据固然好，如果没有分析利用，数据的价值就无法体现。因此，如何创新电磁频谱数据挖掘理论与方法，使这些宝贵的数据产生价值，有效服务于电磁频谱资源高效利用、电磁频谱秩序管理和电磁频谱战等，成为亟须解决的新课题。自 2010 年以来，本书作者从通信信号处理、数据挖掘、统计学习等多学科领域交叉融合的角度出发，经过持续努力，逐步发展形成相对系统的电磁频谱数据挖掘理论与方法，也探索形成了代表性应用成果，获得了国内外同行学者的广泛关注与认可。

本章首先综述电磁频谱数据挖掘 (electromagnetic spectrum data mining) 的由来，然后讨论其价值，最后给出全书的主要研究内容。

1.1 电磁频谱数据挖掘的由来

电磁频谱空间作为国土空间的重要组成部分，已成为信息时代、智能时代的人类社会主要活动空间之一。随着移动互联网、物联网、大数据、机器人等新兴技术和服务不断涌现，通信、雷达、测控、导航、传感、电抗等各类电磁用频设备和系统的数量呈现爆炸式增长，各类电磁信号已经深入人类社会的方方面面，导致电磁频谱空间日益错综复杂，演变成由多主体、多因素、多变量构成的互为输入输出的复杂系统。

　　一方面，复杂电磁环境下的频谱秩序安全管控已成为影响国家和社会安全的重要课题。黑飞无人机、黑广播、伪基站、窃听器、干扰机、无线电作弊等严重扰乱频谱使用秩序，呈现出类型多样、案件频发、影响恶劣等特点，给重大活动（如国庆阅兵/奥运赛事/国际合作论坛）、公共交通（如民航/高铁/地铁）等带来严峻安全威胁。然而，当前频谱秩序安全管控监管手段相对单一，技术相对滞后，对人工操作和人员经验的依赖性较强。维护空中电波秩序与安全，保证各种无线电业务的正常进行，防范非法用户，提升智能化、精细化、无人化频谱监管能力，对于助推国家无线电治理体系和治理能力现代化日益重要。

　　另一方面，复杂电磁环境下的频谱对抗安全管控对于维护国防安全与国家形象愈发重要。电磁频谱空间已成为继陆、海、空、天、网之后的第六维作战空间，并贯穿于其他五维空间的作战中。21 世纪掌握制电磁频谱权与 19 世纪掌握制海权、20 世纪掌握制空权一样具有决定意义，信息化战争中电磁频谱甚至比子弹更重要。电磁用频设备已全面覆盖陆、海、空、天等各作战空间以及车、舰、机、弹等各作战平台，电磁干扰、电磁窃听、电磁欺骗等用频安全威胁变化多端，如何创新电磁频谱攻防理论与技术，在没有硝烟的电磁战场给予敌方威慑、夺取对抗优势是亟须聚力研究的重要课题。

　　同时，复杂电磁环境下的频谱共享安全管控将成为国民经济发展和国防建设共同面临的战略需求。随着各类电磁用频终端持续普及，新型无线多媒体业务量呈现爆炸式增长，无论是民用还是军用领域，"频谱资源赤字日益严峻"与"频谱利用率低下"之间的矛盾均十分突出，动态频谱共享被广泛认为是解决上述矛盾最为直接有效的手段之一。美国联邦通信委员会 (Federal Communications Commission, FCC) 和美国国防部 (United States Department of Defense, DoD) 正在联合推进 3.55GHz 到 3.65GHz 频段内军民动态频谱共享框架，致力于开放军用雷达频段来适应商用 5G 新业务需求。2020 年 2 月，华为宣布 4G/5G 闪速动态频谱共享已在全球范围商业部署，并将随着 5G 终端的普及而大规模商用。然而，频谱共享的开放特性以及频谱设备的智能化趋势错综交织，使得非法接入、违规发射、恶性竞争等频谱共享安全威胁不断涌现，高效、安全的频谱共享安全管控策略和方法成为国家战略需求。

　　面向复杂电磁环境下频谱资源的优化利用和频谱空间的高效管控等国家战略需求，传统的基于理论模型的频谱管控方式逐渐力不从心。一方面，电磁环境的日益错综复杂使得精准理论建模的复杂度呈指数级增长，甚至变得难以实现；另一方面，理论模型在抽象、简化、提取主要因素的同时，往往忽略了另外一些可能起到重要作用的因素，使得模型的准确度和泛化能力受限。机器学习特别是深度学习等人工智能方法的快速发展为频谱管控理论、技术和手段的革新带来了新的机遇。数据驱动的频谱管控方式成为一种发展趋势，并将与传统模型驱动的方式有机融合，将重构频谱态势监测、频谱行为分析、频谱决策优化等频谱管控活动链条的各环节，推动相关领域应用和产业升级，为电磁频谱安全管控国家战略需求提供有力支撑。

1.2 电磁频谱数据挖掘的价值

电磁频谱数据挖掘是一个相对较新的研究方向，在民用和军用领域都具有重要的科学意义和广泛的应用前景，本节通过举例的方式列出若干应用方向。

1.2.1 未来移动通信系统中的动态频谱共享

近年来，随着移动互联网与物联网的迅猛发展，个人无线设备的数量呈现指数级增长，人们对无线多媒体业务愈发青睐，导致对频谱资源的需求与日俱增，移动通信系统的"频谱赤字"现象越来越严重。在传统的移动通信系统中，解决频谱赤字的主要方法是频谱重耕 (spectrum refarming)，即通过频谱政策的修订，将已经授权/分配但利用率低下的业务频段释放出来，供移动通信系统使用。然而，频谱重耕通常是一个多方博弈的漫长过程，仅仅依靠频谱重耕难以及时跟上移动通信系统快速增长的频谱需求。动态频谱共享突破了传统固定频谱授权的藩篱，可以大幅提升无线频谱的利用率，被广泛认为是解决未来移动通信系统中"频谱赤字日益严峻"这一问题直接有效的手段之一。动态频谱共享的基础研究主要集中在以下两个环节：频谱共享机会发现 (exploration) 和频谱共享机会利用 (exploitation)。前者是后者的基础，后者是前者的目标。频谱共享机会发现依赖于有效的频谱数据分析与挖掘，其面临的核心技术挑战是：如何从大众的、海量的、异构的、不确定的电磁频谱数据中分析推断频谱演化的多维态势 (包括时域–频域–空域的状态、趋势及其发展规律等)，为动态频谱共享决策提供有力的信息支撑。

1.2.2 下一代短波通信系统中的频率优选

短波通信依靠 $1.5 \sim 30 \text{MHz}$ 的电磁波进行信号传输，是中远距离无线通信的重要手段[1]。短波通信主要分为地波传输和天波传输两种方式，其中天波传输利用大气中的电离层作为媒介进行信号传输，可以实现远达数千公里的全球通信。短波通信在军事通信和应急通信中具有独特的作用，主要优势在于通信距离远、不依赖中继/基站设备等基础设施、网络/节点部署灵活机动、抗毁伤能力强、成本相对较低等。然而，短波通信面临着严峻的技术挑战：一方面，短波频段窄但业务繁多，既有民用通信系统也有军用通信系统，存在严重的干扰，包括自然干扰、电台互扰和恶意干扰等；另一方面，由于依靠大气中的电离层反射进行天波传播，短波信道特性与电离层的变化密切相关，短波频点的可用性具有明显的频率窗口效应 (即不同时段、不同地区可用频率往往是不同的)，且可用频率范围随时间不断发生变化[2]。因此，频率选择对于短波通信至关重要[3]。短波通信频率选择需要同时考虑 "占用/不占用" 和 "可用/不可用" 两方面的问题。电磁频谱数据挖掘中的频谱感知可以用来解决 "占用/不占用" 的问题；同时，为了降低逐个频点扫描和感知所消耗的时间，可以进一步研究面向 "可用/不可用" 的频谱预测方法。本书关于宽带频谱感知和多维频谱预测的研究致力于为未来短波通信系统中自动链路建立提供新的解决方案，降低链路建立时延。

1.2.3　电磁频谱资源智能管理

面对日益加深的电磁频谱资源危机，迫切需要从条块分割的静态管理模式向资源共享的动态管理模式转变，迫切需要从微观局部的优化利用向宏观分配微观调整联合优化的模式转变，使频谱资源适应复杂电磁环境的动态变化，随多样化业务需要实现跨网、跨域流动和高效有序共享。电磁频谱管理已是军民融合重大研究课题，被列入《统筹经济建设和国防建设十二五规划》20 个重大工程之中；电磁频谱管理基础问题研究也是国防 973 项目关注的重点方向之一，频谱资源管理模式的转变问题已成为两大课题研究的核心，引起国家和军队的高度重视。本书中面向多维频谱态势信息获取的电磁频谱数据挖掘的理论和方法将为推动电磁频谱资源智能管理提供技术支持。

1.2.4　Super WiFi 频谱态势信息获取

WiFi 具有部署灵活、接入方便和成本低廉的特点，目前已经得到广泛应用，并呈现迅猛发展的趋势。传统的 WiFi 网络主要工作频段在 2.4GHz 和 5.8GHz 附近，目前存在的问题包括：频谱越来越拥挤、通信距离较短等。2010 年 9 月，美国联邦通信委员会 (FCC) 通过了让未授权的 WiFi 设备动态地接入电视白空间 (TV white space，TVWS) 的提案，使其具备远距离通信的能力，以保障城市公共热点地区的互联网接入，因此被称作 "Super WiFi"[4]。2012 年 1 月，频谱桥 (Spectrum Bridge) 公司在希尔顿威明顿河畔酒店 (Hilton Wilmington Riverside Hotel) 搭建了世界上第一个商用的 Super WiFi 网络[5]。2014 年 1 月，新的标准 IEEE 802.11af[6] 形成，标准中给出 WiFi 设备动态地接入电视白空间 (TVWS) 的具体操作流程，旨在提供高速率、低功耗的局部通信。本书关于空时频谱感知、协同频谱感知和地理频谱数据库方案的研究成果可以应用到新的 WiFi 和 Super WiFi 通信涉及的频谱态势信息获取中,进一步提高频谱时域利用率与空域复用率。

1.2.5　频谱监控与频谱执法

一方面,随着移动互联网与物联网的迅猛发展,个人便携无线设备的数量呈指数级增长,导致有限的频谱资源与日益增长的频谱需求之间的矛盾广泛存在。另一方面,软件定义无线电和认知无线电带来的软硬件平台存在固有的开放性,这可能会使个别拥有频谱需求的无线设备在追求私利的情况下,违规使用无线频谱,给无线频谱的有序使用带来各种安全威胁[7,8]。如果把每个频点类比为一条马路,各个无线设备类比为各种车辆的话,违规用频监控和执法需要引进各种 "频谱摄像头" "频谱红绿灯" "频谱警察" 等。本书关于稳健频谱感知和群智地理频谱数据库等方面的研究可以集成应用到频谱监控和频谱警察中来,为其决策提供理论依据与方法支撑。

1.3　本书的主要内容安排

第 1 章为绪论,主要介绍本书的研究背景、选题依据和研究工作。首先介绍本书的研究背景:回顾了电磁频谱数据挖掘的起源与背景,阐述了本书的相关研究现状并提炼出研究面临的技术挑战。其次介绍了电磁频谱数据挖掘的应用价值。然后介绍本书的研究工作:阐明了本书研究的总体目标和具体目标,给出本书研究内容及其逻辑关系框架,概述本书的理论与方法创新。

第 2 章介绍电磁频谱数据挖掘的基础,依次从以下 4 个方面展开:电磁频谱数据挖掘的基本概念、电磁频谱数据挖掘的数据源、电磁频谱数据挖掘常用的理论方法以及电磁频谱数据挖掘的国内外研究动态。

第 3 章针对利用个人便携设备进行稳健的协同频谱感知这一主题,研究面向频谱数据净化的稀疏矩阵统计学习理论与方法。首先提出一种统一的异常感知数据建模方案,该建模方案可以刻画偶发设备故障和恶意数据伪造的综合效应,可以涵盖现有文献中几乎所有的异常数据模型。在此模型基础上,分析了异常数据对协同频谱感知性能的影响,推导出全局虚警概率和全局检测概率的闭合解析式;进一步从稀疏矩阵统计学习的角度出发,将稳健频谱感知建模为主成分追击优化问题,并设计了基于数据净化的频谱感知算法来求解。然后再进行系统全面的仿真验证与分析,以论证所提算法的有效性。

第 4 章针对异构频谱环境下的空时频谱感知这一主题，研究面向二维异构频谱数据融合的统计学习理论与方法。首先，从相较于现有研究更一般的网络场景建模入手，来刻画不同认知用户之间的频谱机会的异构性。在此基础上，建立一个新的适用于异构频谱环境的空时频谱机会模型，该模型将传统的检测授权用户信号是否存在的 (时域) 二元假设检验问题拓展为联合检测空域和时域频谱机会的 (空时) 复合假设检验问题。进一步，从联合空时二维检测的角度，设计用户级和网络级二维检测性能度量指标，在新的指标体系下，重新对比研究了异构频谱环境下现有的合作和非合作频谱感知算法，发现了"盲目合作不如不合作"的现象。在此现象启示下，设计了空时二维感知算法，获得了优越的感知性能。最后以最大干扰受限的传输功率为准则，将不同认知用户面临的空域频谱接入机会分为黑、灰、白三区，提出了基于不完美感知的分布式功率控制方案，可以充分利用灰区和白区的频谱接入机会，提升了频谱利用率。

第 5 章从分析实测频谱状态演化数据内在的时频相关性及可预测性出发，研究面向多维频谱联合预测的低秩矩阵统计学习理论方法。首先，分析 TV 频段、ISM 频段、GSM1800 上行频段和 GSM1800 下行频段等多个频段的实测频谱数据，刻画频谱状态演化在时域和频域上的相关性。其次，从信息熵与法诺不等式出发，给出统计意义上频谱状态演化的可预测性上界。在此基础上，同时挖掘时频相关性，设计低秩矩阵统计学习算法，实现多维频谱联合预测。

第 6 章针对现有线性协同频谱感知研究中存在的检测结果不准确这个技术挑战，研究面向频谱数据非线性统计处理的核学习理论方法。首先，从协同频谱感知中的两个典型应用出发，分别建立了对应的系统模型，并对两个典型应用面临的技术问题进行数学描述。其次，针对授权用户网络检测问题，从似然比检验出发给出了最优检测方案；进一步考虑到最优方案实现的复杂度，分别设计了基于线性费希尔判别分析的协同频谱感知方案和基于非线性 (核) 费希尔判别分析的协同频谱感知方案。再次，针对频谱攻击用户检测，分别设计了基于 K 均值聚类的协同频谱感知算法和基于核 K 均值聚类的协同频谱感知算法。在此基础上，通过仿真对比论证了核学习理论方法在非线性数据融合、高维数据聚类等方面的性能优势。最后，结合统计核学习相关理论的最新研究动态，指出核学习理论将在信号分类识别、频谱状态预测等开放性课题上取得新的进展。

第 7 章从分析频谱空间复用中阴影衰落的双刃剑效应出发，研究面向地理频谱数据库的群智频谱数据统计挖掘理论方法。首先将授权数字电视 (digital television, DTV) 业务与未授权终端直通 (device-to-device, D2D) 通信之间的空域频谱复用建模为一个优化问题。其次，提出一个数据驱动的地理频谱数据库协议框架来为 D2D

通信提供位置相关的 TVWS 查询服务。该协议框架的核心理念是"人人为我，我为人人"。然后，设计支持该协议框架的频谱数据挖掘机制和算法，包括基于移动群智感知的频谱数据采集方案、基于空域稀疏采样的数据补全算法、基于非线性支持向量机的不规则边界检测算法和机会空域频谱复用等。最后，通过仿真验证了所提的数据驱动的群智地理频谱数据库方案可使 D2D 设备工作在 TVWS 上，而不对授权用户产生过度干扰。

第 8 章从图像化的理念出发，介绍了两个频谱数据挖掘案例。一是面向频域关系网络的多频点间相似性分析，首先针对频点间状态演化的相似性给出了评估指标，并基于频谱演化的相似性指标构造了频域关系网络，其次通过实测频谱数据挖掘实验，分析了节点的度的分布等网络测度，讨论了判决门限对网络测度的影响，最后绘制了频域关系网络图。二是面向时频二维长期频谱预测的图像推理，首先从图像推理的角度考虑了长期频谱预测，构建了新的三阶频谱张量模型，其次将频谱推理问题转化为张量补全问题，通过利用现有补全算法预测马赛克图像的仿真实例，分析了预填充比例和输入张量第三维的长度对预测性能的影响，最后提出了基于张量补全的长期频谱预测方法，实现了预测结果时间跨度为包含多时隙的完整一天的时–频二维频谱态势预测，并通过实测数据预测实验证明了该方法的有效性。

第 9 章首先阐述了未来无线网络中频谱共享的新特征，包括共享频段的异质性、共享模式的多样性、共享设备的群智能化和共享网络的超密集化；然后提出了频联网的概念和基于云架构的频联网，致力于使用频设备和频谱监测设备联网，实现未来无线网络中高效灵活的频谱共享和频谱管理新范式；在此基础上，介绍了频联网的关键使能技术之一：无线频谱大数据挖掘，并讨论了当前研究现状及下一步研究方向。

第 10 章首先提出电磁频谱大数据的概念，然后分析了电磁频谱大数据的 5V 特性，进一步介绍了面向电磁频谱大数据的机器学习方法，最后畅想了电磁频谱大数据挖掘的应用前景。

第2章 电磁频谱数据挖掘基础

> 宇宙之大，粒子之微，火箭之速，化工之巧，地球之变，生物之谜，日用之繁，无处不用数学。

> —— 华罗庚

2.1 基本概念

电磁频谱 (electromagnetic spectrum) 通常是指按电磁波波长连续排列的电磁波族。由于频率范围有界，电磁频谱被认为是一种有限的、不可再生的自然资源，是像水、森林、土地、矿藏一样稀缺而重要的国家核心战略资源。

电磁频谱态势 (electromagnetic spectrum situation) 是指电磁环境的当前状态、综合形势和发展趋势。与频谱态势密切相关的是频谱态势图 (spectrum situation map)，它是通过对电磁频谱环境各要素的获取、理解、预测而形成的一种易于被用频人员理解并能辅助其决策的电磁环境表达方式。频谱态势是频谱态势图展现的内容，而频谱态势图是频谱态势的承载形式，两者密不可分，但不等同。

电磁频谱数据是刻画电磁频谱态势的量化数字集合，通常包括与频谱资源优化利用直接或间接相关的数据，主要有频谱感知数据、频谱政策数据、信道质量数据、电波传播模型数据、地理环境数据、用频用户需求数据、用户分布与活动数据、用户用频能力数据、无线网络拓扑数据、频谱干扰源数据等，每一类数据存在时间、空间、带宽、方向、强度、粒度、可用度等多个维度拓展。其中，与无线通信环境相关的频谱数据主要包括以下方面：

(1) 在时域、空域和频域上的无线电频谱状态数据，如空闲或者繁忙、信号能量值、信号特征等。

(2) 用户或者设备数据,如设备 ID、设备容量、用户频谱需求和用户反馈等。

(3) 环境信息数据,如地形数据、水文气象数据等。

此外,受到自然环境变化和人类频繁活动等的影响,频谱数据无时无刻不在产生、更新和变化。海量、高增长率、多样化、多维度等特性决定了对频谱大数据进行数据挖掘将具有重要意义。

通常所指的数据挖掘是从大量的数据中通过智能算法提取隐藏于其中的信息,并将之转化为可理解的结构,以供进一步使用的过程[9]。数据挖掘中常用的智能算法或技术包括:统计学的抽样、估计和假设检验,人工智能、模式识别和机器学习的搜索算法、建模技术、学习理论,最优化,进化计算,信息论,信号处理,可视化和信息检索等。

本书旨在将数据挖掘技术应用到频谱数据中,聚焦电磁频谱数据挖掘理论与应用。于电磁频谱领域的应用而言,无论是动态高效的资源共享方案,还是智能完备的秩序管控体系,都依赖于人们对电磁频谱态势的认知能力,这其中一方面是对频谱态势的获取能力,是采集数据的过程;而另一方面则是对频谱态势演化特性的认识能力,是分析数据的过程;前者是后者的实施基础,后者是前者的价值体现。进一步地,在频谱数据获取分析的基础上,通过估计、预测得到的未来频谱演化趋势还能用于优化频谱决策、赋能频谱管控等诸多应用。广义上来说,这些都可以被认为是对电磁频谱数据进行的数据挖掘工作。因而,电磁频谱数据挖掘通常是指频谱数据采集方案设计、频谱数据统计分析与规律发现、频谱数据驱动的决策优化、频谱数据应用效果验证与评估一体化过程,如图 2.1 所示。

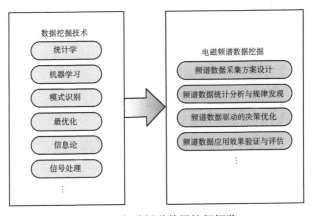

图 2.1 电磁频谱数据挖掘概览

2.2　常用的机器学习方法

广义上讲，机器学习领域的各种理论和方法均有望应用到电磁频谱数据挖掘实践中来。针对不同的数据任务、数据类型和数据特点，需要运用特定的方法。通常，我们将面向电磁频谱数据挖掘的机器学习方法分为两大类：一类是用于频谱数据分析，从海量频谱数据中挖掘有效信息，发现潜在规律和获取统计特性；另一类是用于频谱数据利用，基于数据分析中得到的频谱演化态势，执行有效的频谱决策。如图 2.2 所示，我们给出了频谱大数据环境下的机器学习技术框架，分为"数

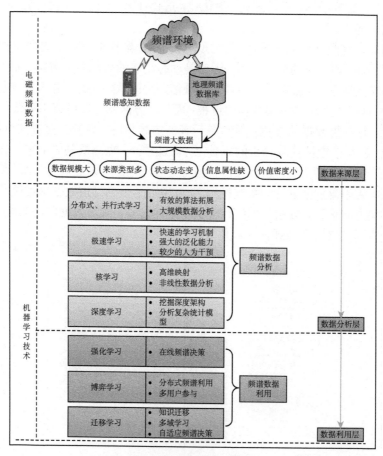

图 2.2　面向电磁频谱数据挖掘的机器学习技术框架

据来源层 — 数据分析层 — 数据利用层"。我们将从频谱数据分析和频谱数据利用两个方面,梳理和总结现有研究中有效的机器学习技术。

2.2.1　面向频谱数据分析的机器学习方法

本小节主要针对电磁频谱数据挖掘,给出了 4 种各具特色的机器学习方法,包括分布式和并行式学习、极速学习、核学习和深度学习。

1) 分布式和并行式学习

对海量频谱数据分析,分布式学习 (distributed learning) 似乎是一个颇具前景的研究,因为不同于传统学习方法中需要将收集的数据存储于一个工作站中进行集中式处理,分布式学习通过将学习过程分配在不同的工作站以一种分布式的机制有效地实现学习算法的扩展。分布式学习避免了集中式处理带来的时间和能量开销,解决了大规模频谱数据存储于单一频谱设备带来的挑战,是比传统学习技术更具优势的频谱数据学习方法。在最近几年,分布式学习算法也陆续被提出,典型的包括判定规则 (decision rule)、堆积归纳 (stacked generalization) 和分布式助推 (distributed boosting)。与分布式学习相似,另一个可用于扩展传统机器学习算法的学习技术便是并行学习 (parallel learning)。

2) 极速学习

快速的机器学习技术是解决频谱数据时间敏感性的有效方法,在线学习 (online learning) 作为一种即时学习方式,在大数据处理领域已得到广泛的研究。我们介绍一种极速学习机 (extreme learning machine,ELM) 是最近几年兴起的一种快速学习方法,它是一种单隐层前馈神经网络学习算法,通过随机赋值单隐层神经网络的输入权值和偏差项,再进行一步计算即可解析求出网络的输出权值。相比于传统前馈神经网络训练算法需经多次迭代调整才可最终确定网络权值,极速学习具有学习速度更快、泛化能力更强、人为干预少等优势,成为当下快速数据处理的优选学习方法,也逐步引起了人们越来越多的关注。基于极速学习的拓展算法也被陆续提出,例如,增量极速学习 (incremental ELM)、进化极速学习 (evolutionary ELM)、序数极速学习 (ordinal ELM) 和均衡极速学习 (symmetric ELM)。

3) 核学习

频谱数据由于来源多样,运用传统的线性学习理论方法往往存在局限性。针对这一挑战,核学习 (kernel-based learning),一种新颖的可提升学习机计算能力,并有效进行非线性数据分析的学习理论得到人们越来越多的关注。在核学习理论中,通过一个核函数将原始输入空间的数据映射到高维 (甚至无限维) 特征空间中,在特征空间中进行线性处理,这样使得复杂的学习问题变得易于操作,大大增强了学习机的计算能力。针对现有线性协同频谱感知研究中存在的检测结果不准确这一问题，研究面向频谱数据非线性统计处理的核学习理论，有助于提升非线性频谱数据融合和高维数据聚类等方面的性能。

4) 深度学习

当今，深度学习 (deep learning) 无疑成为机器学习领域最热的研究趋势之一。大多数传统的机器学习方法都是利用潜结构的学习架构，而深度学习则是利用监督或者非监督策略自主学习深度架构中的分层表示机制，它的优势在于可以捕获更加复杂的统计模型以实现自适应新领域[2]。过去几年，主流的深度学习方法有深度信念网 (deep belief network) 和卷积神经网络 (convolutional neural network) 等。深度学习在最近几年已经引起了学术界乃至工业界的注意，并被成功应用到大数据处理系统中。如谷歌公司利用深度学习算法来处理谷歌翻译机、图像搜索引擎等产生的海量数据，微软公司的语言翻译机、IBM 的智能计算机都成功利用深度学习技术来处理大数据。因此，鉴于深度学习在大数据环境下的先进优势，针对电磁频谱数据挖掘而言，深度学习也将起到关键的作用。

2.2.2 面向频谱数据利用的机器学习方法

我们从电磁频谱数据挖掘的角度，梳理了 4 种学习理论。针对频谱数据利用，我们将分析可用于频谱智能决策的机器学习方法。

1) 强化学习

在频谱数据利用过程中，往往存在网络状态动态变化、环境条件未知等因素，因此，需要先验样本进行训练的离线学习算法不再适用。而强化学习 (reinforcement learning) 采用 "学习 — 决策 — 执行" 的环路实现频谱的实时决策，优点在于：首先，它不依赖于先验的环境信息；其次，可实现边学边用；最后，具备较强的稳健性。因此，基于强化学习技术，利用频谱数据进行实时信道调整、功率控制和网络选择等决策时，具有一定的优势。

2) 博弈学习

博弈论目前已经成为无线通信中多用户分布式决策优化的重要方法之一。一方面，博弈学习 (game learning) 方法非常适合于解决如频谱拍卖等直接类比成经济活动的宏观无线资源管理问题；另一方面，它能很好地解决信道接入、网络选择等微观无线资源优化问题。下一代移动通信系统 5G，将向着网络密集化、自组织的方向不断发展，分布式、多用户的特征越加明显，频谱数据量也将急剧增加。博弈学习在利用频谱数据进行智能决策的作用也将愈显突出。

3) 迁移学习

许多传统的机器学习算法的一大假设就是训练和测试数据来源于同样的特征空间，具备同样的分布。然而，来自频谱感知设备和地理频谱数据库的频谱数据，如前所述，具有结构、半结构和非结构的多样特性。这样的数据异构化特质使得传统机器学习的假设不再成立。为应对这一问题，迁移学习 (transfer learning)，一种可以从不同领域、不同任务和不同分布的数据中提取知识的新兴学习技术被提出。迁移学习的优势就在于它可以应用先前学到的知识来更快速地解决新遇到的问题，具备一定的多域学习能力。对于频谱数据利用而言，迁移学习可以基于自身的知识迁移能力，很好地实现频谱的智能决策。

以上，我们系统总结了在频谱数据环境下，具备独特优势的机器学习技术。**在电磁频谱数据挖掘方面**，介绍了面向大规模频谱数据分析的分布式和并行式学习、面向快速频谱数据分析的极速学习、面向异构频谱数据分析的核学习和面向复杂统计模型频谱数据分析的深度学习。**在频谱数据利用方面**，介绍了侧重于在动态不确定频谱环境下，从单用户视角利用频谱数据，寻求最优决策的强化学习方法；分析了侧重于在多用户频谱系统中，为实体寻求分布式决策的博弈学习方法；阐述了具备知识迁移能力，可实现自适应多域频谱数据利用的迁移学习方法。

此外，其他的一些学习技术，如表示学习 (representation learning)、主动学习 (active learning)、子空间学习 (subspace learning) 等，对于频谱数据处理也有一定的应用价值，在此，我们不再做过多讨论，感兴趣的读者可参阅相关文献。总的来说，面向频谱数据处理的机器学习技术不再是传统学习中仅关注于某一算法的性能提升，在将来，我们需要的可能是多种学习方法的联合使用，甚至是一个可供数据处理系统访问的学习算法库。

2.3　国内外相关研究动态

通常而言，关于动态频谱接入的学术研究主要集中在以下两个环节：频谱机会发现 (exploration) 和频谱机会利用 (exploitation)。前者是后者的基础，后者是前者的目标。本书研究主要聚焦在频谱机会发现所涉及的相关理论与方法。频谱机会发现依赖于有效的频谱数据分析，其面临的核心问题是：如何从有限的频谱数据中分析推断频谱的多维态势 (包括时域–频域–空域的状态、趋势及其发展规律等)，为频谱决策提供有力的信息支撑。关于频谱数据分析的现有研究主要包括频谱感知、频谱预测和地理频谱数据库等。宏观上讲，频谱感知是通过信号检测的方式来判定当前时隙频谱状态的基本方式；频谱预测是利用频谱数据之间的相关性实现由已知频谱数据样本推演未知频谱数据、由稀疏样本推演完整频谱态势的技术；地理频谱数据库是通过结合地理信息和信号传播模型来判定当前时刻频谱状态的方式。下文将简要回顾相关研究动态，并提炼存在的问题与技术挑战。

2.3.1 频谱感知的研究动态与技术挑战

频谱感知是获取当前时隙频谱状态的基本方式，是实现动态频谱接入的核心技术。如图 2.3 所示，现有研究主要从信号检测[10]、假设检验[11]、协同模式[12]、数据融合[13] 和频谱环境[14−16] 等诸多方面展开，这些研究在实现频谱感知功能的同时，也丰富和拓展了相关领域的基础理论与方法。综述文献 [8, 17-21] 分别在不同历史阶段对频谱感知的研究进展进行了较为系统全面的梳理。下文仅针对与本书研究特别相关的研究现状与发展动态进行阐述。

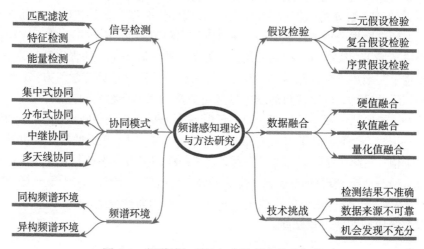

图 2.3　频谱感知理论与方法研究体系概览

早期关于频谱感知的研究往往集中在判定当前时隙、给定位置处、给定频段上是否存在授权用户信号[22]。如果判定为存在，则当前时隙该频段不可以被未授权用户接入使用；反之，若判定为空闲，则当前时隙该频段可以被未授权用户接入使用[23]。上述问题通常被建模为一个二元假设检验 (binary hypothesis testing) 问题，通过信号检测技术来求解[24,25]。常见信号检测技术包括匹配滤波检测、特征检测和能量检测等。匹配滤波检测[26] 属于相干检测，可以获得较好的检测性能，但是需要额外知道授权用户信号的先验信息，如信号带宽、调制方式、脉冲波形等；特征检测方法如循环平稳特征检测[27−29] 通过利用授权用户信号均值和自相关函数的内在周期性，可以有效地区别授权用户信号和背景噪声，特别是在低信噪比区域下可以获得较好的检测性能，然而需要较长的观察周期以提取信号的循环平稳特性，而且实现复杂度较高。相比于上述两种信号检测技术，能量检测器[30] 以其实现复杂度低、需要知道的先验信息较少等优势而被广泛采用。

无线信道中随机噪声、衰落、阴影以及隐藏终端等问题给单用户频谱感知带来了严峻的技术挑战，推动着多用户协同频谱感知和数据融合理论与方法的不断发展。如图 2.3 所示，从协同模式来讲，现有研究包括集中式协同频谱感知[31−35]、分布式协同频谱感知[36−41]、中继辅助的协同频谱感知[42−45] 和多天线协同频谱感知[46−49] 等。这些研究分别考虑不同的网络架构和不同的感知设备硬件条件，各自适用于不同的应用场景，然而，它们共同依赖的核心技术在于数据融合。从参与融合的数据类型来讲，现有研究主要包括软值融合[31,32]、1 比特硬值融合[50,51] 和多比特量化值融合[52,53]。参与融合的不同数据类型对应着不同的协同检测性能和不同的协同开销 (如能量、信令、时间等)。一般来讲，软值融合的检测性能更好，但协同开销也更大；硬值融合的协同开销最小，但同等条件下其检测性能也较差；量化值融合可以取得检测性能与协调开销的折中，但其数学解析复杂度比较高。近年来，随着频谱感知相关理论方法的不断发展，该领域呈现出的总体研究趋势与技术挑战包括 (但不限于) 以下几方面：

(1) 从考虑简单的二元假设检验，到考虑更为复杂的信号估计与检测问题。如前文所述，早期的频谱感知被简单地建模为二元假设检验问题，主要通过经典的信号检测理论方法来求解。然而，考虑到实际中授权用户发射机/接收机位置、授权用户发射功率、感知信道链路质量、噪声功率等诸多先验信息难以获取，研究者逐渐将更多精力集中到复合假设检验问题的分析与求解上来，这将涉及更为复杂的信号估计与检测问题，如覆盖边界检测[54]、信号分类[55] 等。

(2) 从考虑同构频谱环境，到考虑异构频谱环境。针对多用户协同频谱感知，绝大部分研究考虑的场景是参与协同的感知用户处于一个相对较小的空间区域内，所有用户面临的是同构的频谱环境和频谱接入机会；然而，随着网络的密集化 (如小蜂窝 (small cell))、设备的互联化 (如物联网)，处于不同空间位置的感知用户可能面临异构的频谱环境和频谱接入机会[14,16]，在此场景下，传统的数据融合理论不再适用，盲目的协同处理会带来性能的损伤[56,57]，造成检测结果不准确的后果。

(3) 从考虑理想的协同频谱感知，到考虑稳健的/安全的频谱感知。由于动态频谱接入导致的底层协议栈的开放性，协同频谱感知面临着严峻的安全威胁[7]。为了有效地应对这些安全威胁，近年来研究者展开了关于稳健协同频谱感知的研究[8,20]。大多数已有研究集中考虑如下场景[58,59]：一部分恶意的频谱感知节点上报伪造的本地感知数据来误导全局融合判决结果。为消除伪造频谱数据的负面影响，现有研究主要分为两类：节点滤除类方案[60-62] 和节点加权类方案[63-67]。节点滤除类方案在降低伪造频谱数据的负面影响的同时，使得参与数据融合的节点数随之降低，损失了多用户分集增益。节点加权类方案使用所有感知节点的数据来进行融合，但是分配给数据质量低或信誉差的感知节点以较小的权值，权值的设计往往依赖于某种先验知识 (如节点位置[63-65]) 或历史信息 (如节点信誉[66,67])。如何在获取用户分集增益的同时，提高协同频谱感知的稳健性是当前的研究热点和难点之一。

(4) 从考虑利用专业频谱测量设备进行频谱感知，到考虑利用大众便携设备来进行群智频谱感知。利用专业频谱测量设备进行频谱感知的优势在于设备感知精度高、稳定性好，其局限在于硬件成本昂贵、便携性差，不便于推广应用；反之，利用大众便携设备 (如智能手机、平板电脑和车载无线传感设备等) 进行频谱感知的优势在于硬件成本低廉、便携性和移动性好，便于推广应用，但其挑战在于个人设备参与感知的动机不明朗、数据质量难以保证等[59,68]。

2.3.2　频谱预测的研究动态与技术挑战

频谱预测是利用频谱数据之间的相关性实现由已知频谱数据样本推演未知频谱数据、由稀疏样本推演完整频谱态势的技术。如上文所述，获取频谱状态的常用手段是频谱感知，然而，在实际系统中，一方面，由于受到硬件处理速度、设备成本、网络部署代价等限制，通过频谱感知往往仅能获得时间、频率、空间等稀疏的频谱数据样本。另一方面，国内外频谱实测数据分析表明[69-73]：任何一个频谱数据都不是孤立存在的，在时间、频率、空间各个维度上具有密切的相关性。充分地建模、分析、挖掘、利用这些内在的相关性进行频谱预测将有助于克服硬件处理速度、设备成本、网络部署代价等限制造成的频谱感知数据样本的稀疏性。频谱预测具有很多优点，例如通过预测可以降低感知时间和能量开销[74]、提升吞吐量[75]、提升拓扑控制与路由能力[76] 等。

如图 2.4 所示，当前国内外关于无线频谱状态预测的研究已经取得了阶段性成果。早期频谱预测方面的研究主要集中于**时域频谱预测**[77]。加利福尼亚大学的 Acharya 教授于 2006 年首次引入线性预测机制来推演时域频谱空洞出现的时刻和持续时间[78]，后续的研究主要是将各种预测模型应用于时域频谱预测来提升预测性能，代表性的成果包括线性回归模型[79-81]、时间序列模型[82,83]、马尔可夫模型[84,85]、神经网络模型[86,87] 等。

伴随着基于频谱实测的数据分析工作[69-73] 的不断深入，频域相关性现象 (即不同信道频谱状态演化之间的关联关系) 逐渐引起研究者们的关注[88,89]，基于频谱相关性的多信道联合的**频域频谱预测**算法也不断涌现。2010 年,美国田纳西大学的李虎生 (Husheng Li) 博士通过建模任一频谱数据与其相邻信道的 "邻居" 数据之间的相关性,先后提出了基于信念传播 (belief propagation) 理论的多信道联合频谱预测算法[90] 和基于贝叶斯网络[91] 的多信道联合频谱预测算法。2012 年,香港科技大学的张黔 (Qian Zhang) 教授团队设计了基于频繁模式挖掘的多信道联合频谱预测算法,并通过实测数据论证了该算法相对于单信道时域频谱预测算法的有效性[70]。

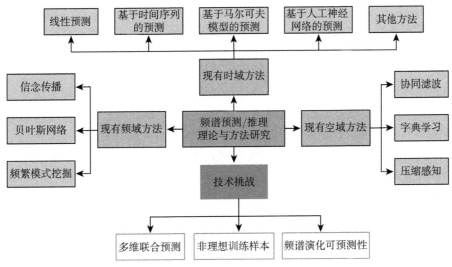

图 2.4　频谱预测理论与方法研究体系概览①

此外,**空域频谱预测**研究也取得了阶段性研究成果。2010 年,受亚马逊 (Amazon) 购物电子商务推荐系统中兴趣相近的消费者购买物品时互相推荐这一机制的启发,李虎生博士针对空间位置相邻的用户面临的频谱状态之间具有相似性这一特点,设计了协同滤波 (collaborative filtering) 理论的空域频谱预测/推理算法。2011 年,基于克里金卡尔曼滤波 (Kriged Kalman filtering) 理论,明尼苏达大学的 Georgios B. Giannakis 教授团队实现了多用户分布式空域频谱预测算法[92],每个用户通过与邻居用户交互观测信号,经过多次迭代,所有用户均可获得整个区域的频谱态势 (即信道增益图[93])。2013 年,Georgios B. Giannakis 教授团队进一步利用字典学习和压缩感知理论,基于稀疏空间采样实现了空域干扰图的构建[94]。通过对

---

① 图 2.4 中时/频/空域与预测方法的归纳主要是基于对文献中现有研究成果的回顾,实际中并不存在必然的联系。通过合理建模与分析,某一预测方法 (如神经网络) 可以不限于某一个域上的频谱状态预测,可能在多个域的频谱预测中均能发挥作用,区别主要在于具体模型的选取及参数的优化。

比分析, 可以看出国内外关于 "频谱预测相关理论方法" 的研究呈现出的发展趋势与技术挑战包括 (但不限于) 以下几方面:

(1) 从单维频谱预测, 逐步拓展到多维联合频谱预测。频谱状态维度的增加意味着网络可以对频谱环境具有更加全面的认识, 有利于进一步提升频谱利用率。现有研究逐渐从早期的时域频谱预测逐步拓展到频域和空域频谱预测以及联合空–时、联合空–频、联合时–频二维甚至联合时–频–空频谱预测, 处理数据的维度和方法逐步升级, 从一维矢量拓展到二维矩阵, 再到三维或高维数据立方体 (tensor)。

(2) 从理想训练样本条件, 逐步拓展到非理想训练样本条件。频谱预测算法通常包含样本训练和测试应用两个环节, 样本训练阶段主要用来确定算法的参数设置, 是测试应用阶段算法运行可靠高效的基础。现有大部分研究假设训练样本是理想的、完备的, 然而, 考虑到维度升高带来的数据采集、存储、处理方面的开销, 数据采集设备误差带来的不确定性以及无线环境开放性等, 稀疏容错样本条件下的频谱预测方法研究日益显得迫切和重要, 如何基于稀疏容错样本来推理多维频谱状态是一个应用前景广泛但同时极具挑战性的方向。

(3) 在设计具体频谱预测算法的同时探求频谱可预测性理论界。众所周知, 对于随机掷硬币这样的事件, 假设每次掷出正面和反面的概率均为 0.5, 如果猜测下一次掷出的是正面还是反面, 任何高效的预测算法的可预测性 (预测准确率) 往往也只能维持在 0.5 左右。类似地, 实际中不同无线频段的频谱可预测性往往存在显著差异, 直观上讲, 相比于广播 TV 频段, GSM1800 频段 (特别是上行频段) 的状态演化随机性更强一些, 可准确预测的程度更低一些。现有研究在追求高精度的频谱预测算法的同时忽略了对频谱状态演化可预测性的基础理论研究。类似于香农容量定理给出了各种具体调制方案和编码算法可以达到的容量上界一样, 频谱可预测性研究可以给出具体频谱预测算法的理论性能上界。

2.3.3 频谱数据库的研究动态与技术挑战

频谱数据库是通过结合地理信息和信号传播模型来判定当前时刻频谱状态的方式, 并被广泛认为是一种短期内技术可行、商业前景较为明朗的动态频谱接入方式。2005 年, 针对动态使用电视 TV 空闲频段这一问题, 美国联邦通信委员会 (FCC) 率先提出 3 种动态频谱接入方式: 频谱感知 (listen-before-talk)、地理频谱数据库 (geolocation database) 和信标广播 (beacon)[95,96]。频谱感知能够自主地检测授权用户的信号, 其优势在于灵活性和实时性强, 但是目前研究还面临着严峻的技术挑战。一方面, 如文献 [97, 98] 指出, 为保护授权设备的工作不受过度干扰, 在数字电视 DTV 信号覆盖边界处, 未授权设备的信号与授权设备自身的信号强度之差要达到 23dB, 这意味着频谱感知需要在极低信噪比条件下 (例如 IEEE 802.22 标准里设定为 −20dB[99]) 实现可靠检测。另一方面, 信标广播需要授权设备额外增加天线设备和专用带宽资源, 目前受到研究者的关注较少, 其中在 IEEE 802.22.1 标准中有涉[100]。如图 2.5 所示, 地理频谱数据库提供了一种完全不同的系统架构, 是频谱管理部门 (如美国 FCC 和英国的 Ofcom[101,102] 比较推崇的一种动态频谱接入方式, 这主要是考虑到频谱数据库易于管控、技术相对简单、商业运作方便等优点。

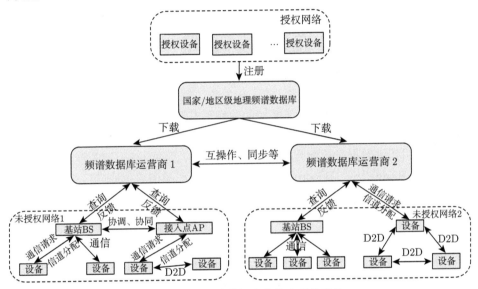

图 2.5 　地理频谱数据库的基本系统架构

关于频谱数据库的早期研究主要有: 2006 年, 弗吉尼亚理工大学科研人员率先在国际上提出 "无线环境图"(radio environment map, REM) 的概念[103], 意在构建一个以频谱占用状态为核心的无线环境信息和先验知识的集成数据库。2008 年, 摩托罗拉公司政府与公共安全研究实验室研究团队设计了基于简单的信道传播模型 (不含地形信息) 预测的地理频谱数据库方案[104], 并在芝加哥地区进行了实验验证。2009 年, 文献 [105] 和文献 [106] 分别利用地理频谱数据库估算了美国本土和英国本土的 TV 空闲频谱分布情况。2010 年, FCC 通过的新决议规定[107,108]: 未授权设备不再被强制具备频谱感知能力, 但必须在访问地理频谱数据库后才能够接入电视频段, 以避免对授权用户如电视用户和无线麦克风设备产生干扰。

在 FCC2010 新决议推动下, 地理频谱数据库引起学术界广泛的研究兴趣。代表性的研究工作主要有：在动态频谱接入会议 IEEE DySPAN2011 上，英国 Ofcom 的 Hamid Reza Karimi 提出一种新的方法来计算 "满足对授权设备保护要求的前提下未授权设备允许使用的最大发射功率"[109]，并描述了如何将国家层面的授权网络规划模型融入地理频谱数据库的设计中来。2011 年 3 月，跨国电信服务公司 BT 的频谱战略研究组在 *IEEE Communications Magazine* 撰文[102]，从运营商的角度给出地理频谱数据库的系统架构，并在计算机辅助仿真条件下，利用基于模型的方法定量计算了英国本土上给定位置处的电视空闲信道分布，该模型整合了网络公开的地形数据、数字电视覆盖图 (coverage map)、简化的信号传播模型以及来自 Ofcom 的数字电视发射机及中继站的位置、发射功率、天线高度和发射频率等信息。2012 年，美国麻省理工学院和微软公司联合设计了一种不需要频谱感知 (senseless) 的地理频谱数据库，并首次从系统和网络的角度给出实现地理频谱数据库关键技术的完整方案[110]。2013 年，香港中文大学的黄建伟 (Jianwei Huang) 教授团队研究了频谱数据库辅助的频谱共享博弈问题[111]。2014 年，香港科技大学的张黔 (Qian Zhang) 教授团队从经济学角度研究了运营商管理频谱数据库与用户使用频谱数据时的混合定价博弈问题[112]。近两年来，随着频谱桥[113]、谷歌[114]、Key Bridge[115]、Telcordia[116] 等公司的地理频谱数据库陆续通过 FCC 测试认证并尝试初步运行，地理频谱数据库相关理论方法随之不断发展，该领域呈现出的总体研究趋势与技术挑战包括 (但不限于) 以下几方面：

(1) 从 "传播模型驱动的频谱数据库设计" 逐步向 "传播模型与实测数据混合驱动的数据库设计" 过渡。文献 [117, 118] 明确指出：虽然目前有数十种信号传播模型，但各有不同的应用场景，且涉及的可调参数较多，比较适合于大区域频谱规划使用，但是用来确定具体位置处的频谱状态时往往存在较大偏差，导致频谱机会发现的精细程度较低，频谱机会发现不充分。另一方面，文献 [119-121] 中的研究进一步表明：作为频谱状态获取的两种主要方式，频谱感知与频谱数据库存在优势互补的空间。

(2) 从 "TV 白空间频谱数据库"(TV white space database) 向更广泛的频段拓展。如同大多数关于动态频谱接入的现有研究中都将 TV 频段作为对象一样，大部分关于地理频谱数据库的研究是面向 TV 白空间频谱设计的。随着 TV 白空间频谱数据库的初步成功，研究逐渐向更广泛的频段拓展。例如，2012 年 2 月底，美国国防高级研究计划局战略技术办公室 (DARPA Strategic Technology Office) 开始面向科研院所和公司企业征集 "高级无线图"(advanced RF mapping，RadioMap) 的项目提案[122]，有意将地理频谱数据库向军用频段拓展研究。同年，IEEE DySPAN2012 上发表 "Geolocation database beyond TV white spaces? Matching applications with

database requirements"[123]，分析 TV 频段和其他频段对地理频谱数据库的共性需求和个性区别。

(3) 提升地理频谱数据库的精度与更新速度。现有模型驱动的地理频谱数据库的精度严重依赖于模型选择、参数优化和地理信息的粒度等因素；并且，其更新速度往往难以满足快速变化的无线频谱环境[124]。例如，IEEE 802.22 中指出，地理频谱数据库每 2h 更新一次[99]，FCC 目前给出的数据库则每天更新 1 次[125]。随着用户数的不断增长和频段的不断拓展，如何提升地理频谱数据库的精度与更新速度是迫切需要研究解决的难题。

总体来讲，频谱感知、频谱预测和频谱数据库是频谱机会发现的主流技术，也是频谱数据分析理论与方法的主要研究方向，三者各有侧重，互为补充。频谱感知是通过信号检测的方式来判定当前时隙频谱状态的基本方式；频谱预测是利用频谱数据之间的相关性实现由已知频谱数据样本推演未知频谱数据、由稀疏样本推演完整频谱态势的技术；地理频谱数据库则是通过结合设备地理位置和信号传播模型等信息来判定当前时刻频谱状态的技术。通过追踪相关研究动态，可以看出，与频谱数据分析相关的理论与方法取得了阶段性研究成果，然而，仍面临着许多严峻的技术挑战，宏观上讲，主要包括：数据来源不可靠、检测结果不准确、机会发现不充分以及历史数据不完整等。

第3章 稳健的时域频谱数据挖掘

> 我并没有什么方法，只是对于一件事情很长时间很热心地去考虑罢了。
>
> —— 牛顿

实现动态频谱接入面临的首要技术难题是如何可靠地确定无线频谱空穴。时域频谱感知是确定无线频谱空穴的主流技术之一，其核心思想是通过频谱传感器实时检测无线频谱信号来确定是否存在无线频谱空穴。然而，由于无线信道的开放性，时域频谱感知面临着严峻的安全威胁[7]。为了有效地应对这些安全威胁，近年来研究者展开了关于稳健时域频谱感知的研究[8,20]。现有研究主要考虑如下场景：一部分恶意的频谱感知节点向融合中心上报伪造的本地感知数据来误导全局判决结果。恶意的感知节点实施感知数据伪造的目的主要包括：一是降低全局检测概率，以造成对授权用户的有害干扰；二是提升虚警概率，以浪费诚实认知用户的频谱接入机会。

为消除伪造感知数据的负面影响，现有研究主要分为两类：节点滤除类方案和节点加权类方案。

(1) 节点滤除类方案。该方案的主要思想是滤除"检测为恶意的节点"，仅利用"检测为诚实的节点"的数据进行融合。代表性的研究工作参见文献 [60]，其中一个贝叶斯推理的算法首先被用来检测恶意频谱感知节点，然后一个"剥洋葱"的过程被用来逐步剔除来自恶意节点的频谱数据。这类方案在降低伪造感知数据负面影响的同时，使得参与数据融合的节点数随之降低，损失了多用户分集增益。

(2) 节点加权类方案。与节点滤除类方案不同的是，节点加权类方案使用所有感知节点的数据来进行融合，但是分配给数据质量低或信誉差的感知节点以减小的权值, 权值的设计往往依赖于某种先验知识 (如节点位置[63-65]) 或历史信息 (如节点信誉[62,66,67])。上述时域频谱感知方法主要基于专业的、往往是较为昂贵和笨重的频谱传感器设备 (如频谱分析仪), 往往具有设备硬件成本高、移动性弱、数量有限等缺点, 大大限制了其应用范围和灵活性。

为了使时域频谱感知技术能够更好地融入未来无线网络 (如未来蜂窝网络[126,127]、Femtocell 网络[128,129]、无线局域网 (WLAN)[6]、物联网[130] 等) 的设计中去, 本章研究利用个人的、便携的群智无线设备 (如智能手机、平板电脑、车载传感器等) 取代专业的、昂贵和笨重的频谱传感器设备来进行时域频谱感知。然而, 不同于专业的频谱传感器设备, 个人便携设备的感知数据往往不可靠, 甚至是恶意的。并且, 由于不可预期的设备故障或恶意行为, 每个便携设备都有可能随机地提供异常数据, 这使得现有的频谱感知算法不再有效。

针对新的挑战, 本章首先提出了一种异常感知数据统一建模方案。在此模型基础上, 分析了异常数据对协同频谱感知性能的影响, 推导出全局虚警概率和全局检测概率的闭合解析式。为进一步优化感知数据质量, 提升协同频谱感知的性能, 本章从稀疏矩阵统计学习的角度出发, 将稳健频谱感知建模为主成分追击优化问题, 并设计了基于数据净化的频谱感知算法来求解。该算法同时利用了授权频谱利用率低和非零异常数据的稀疏性这两个内在属性, 可以有效地净化原始感知数据中存在的非零异常数据分量, 实现了稳健的时域频谱感知, 有效地提升了时域频谱感知性能。

3.1　系　统　模　型

3.1.1　网络场景与信号模型

如图 3.1 所示, 授权用户和认知用户 (即频谱感知节点) 共存在同一地理区域内。授权用户拥有若干个授权宽带频段 (例如 6MHz 的 DTV 频段), 这些频段进一步等分为 N 个子带 (例如每个子带 200kHz, 供无线麦克风使用)。依据参考文献 [70, 72, 131] 中实测频谱数据的分析结果, 此处考虑授权频谱利用率较低的情景, 即统计上讲, N 个子带中处于占用或繁忙状态的子带比例相对较低。认知用户网络位于地理区域 A 内, 其中空间上随机分布的 M 个便携频谱感知节点 (spectrum sensor, SS) 和一个融合中心 (fusion center, FC) 协同进行频谱感知, 以确定各个子带上授权用户信号的有/无状态。整个网络采用周期性的时隙结构, 在每个时隙的前一部分所有频谱感知节点静默, 独立地对各个子带顺序地[132] 或并行地[133] 进行本地频谱感知; 然后各个节点将本地感知数据上报给融合中心。融合中心通过融合来自各个节点的感知数据来判定每个子带上授权用户信号的状态。

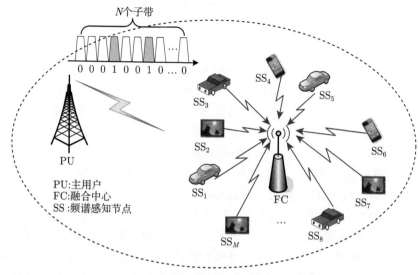

图 3.1　系统模型

一般地，频谱感知节点 m 在第 n 个子带上接收的授权用户信号强度可以通过如下的信号传播模型来刻画[134]：

$$p_{m,n} = p_0 \cdot \left(\frac{d_0}{d_{m,n}}\right)^{\alpha} \cdot S_{m,n} \cdot F_{m,n}, \tag{3.1}$$

式中，d_0 是参考距离；p_0 表示在参考距离处接收到的授权用户信号强度；α 表示路径损耗指数；$d_{m,n}$ 表示频谱感知节点 m 与工作在第 n 个子带上的授权用户发射机之间的距离；$S_{m,n} = \mathrm{e}^{X_{m,n}}$ 和 $F_{m,n} = R_{m,n}^2$ 分别用来刻画阴影效应和瑞利衰落，其中，$X_{m,n} \sim \mathcal{N}(0, \sigma^2)$，$\sigma = 0.1\lg\sigma_{\mathrm{dB}}$，$\sigma_{\mathrm{dB}}$ 表示阴影指数，$R_{m,n}$ 服从瑞利分布。

在基于能量检测的频谱感知中，当每个周期中感知收集到的信号样本数 N_{sam} 足够大时[32,34,135,136]，根据中心极限定理[①]，频谱感知节点 m 在第 n 个子带上的信号能量值近似地服从如下正态分布[134]：

$$T_{m,n} \sim \begin{cases} \mathcal{N}\left(N_0, \dfrac{N_0^2}{N_{\mathrm{sam}}}\right), & \mathcal{H}_0 \\ \mathcal{N}\left(p_{m,n} + N_0, \dfrac{(p_{m,n} + N_0)^2}{N_{\mathrm{sam}}}\right), & \mathcal{H}_1, \end{cases} \tag{3.2}$$

---

① 当带宽有限、感知时间有限时，只能获得有限的样本数是独立的，这时频谱感知节点 m 在第 n 个子带上的信号能量值服从 χ^2 分布[32]；当获得的独立样本数足够大时，可以用高斯分布来近似 χ^2 分布[136]。

式中，$p_{m,n}$ 表示接收授权用户信号强度，由式 (3.1) 给出；N_0 是噪声功率。进一步，引入本地感知门限 $\eta_{m,n}$，通过将能量检验量 $T_{m,n}$ 与门限 $\eta_{m,n}$ 比较，本地虚警概率和本地检测概率可以分别通过式 (3.3) 和式 (3.4) 来得到：

$$P_{m,n}^f = \Pr\{T_{m,n} > \eta_{m,n}|\mathcal{H}_0\} = Q\left(\frac{\eta_{m,n} - N_0}{\sqrt{N_0^2/N_{\mathrm{sam}}}}\right), \tag{3.3}$$

$$P_{m,n}^d = \Pr\{T_{m,n} > \eta_{m,n}|\mathcal{H}_1\} = Q\left(\frac{\eta_{m,n} - (p_{m,n} + N_0)}{\sqrt{(p_{m,n} + N_0)^2/N_{\mathrm{sam}}}}\right), \tag{3.4}$$

式中，$Q(x) = \frac{1}{\sqrt{2\pi}} \int_x^{+\infty} \exp(-x^2/2)\mathrm{d}x$。

3.1.2　数据融合与性能度量

在每个感知周期里，融合中心调度各个频谱感知节点来上报数据，并进行数据融合。现有文献中提出了许多不同的数据融合准则，其中，文献 [24, 137, 138] 指出，最优的融合准则是基于似然比 (likelihood ratio, LR) 的融合准则，这个准则一开始是为无线传感网中数据融合设计的。针对频谱感知中的数据融合问题，下文进行简单的推导。特别地，以第 n 个子带为例，令 $\boldsymbol{x} = [T_{1,n}, T_{2,n}, \cdots, T_{M,n}]^{\mathrm{T}}$ 表示来自 M 个频谱感知节点的感知数据矢量，其中 $T_{m,n}$, $m=1, 2, \cdots, M$ 由式 (3.2) 给出，则有

$$\boldsymbol{x} \sim \begin{cases} \mathcal{N}(\boldsymbol{u}_0, \boldsymbol{\Sigma_0}), & \mathcal{H}_0 \\ \mathcal{N}(\boldsymbol{u}_1, \boldsymbol{\Sigma_1}), & \mathcal{H}_1, \end{cases} \tag{3.5}$$

式中，$\boldsymbol{u}_0(\boldsymbol{u}_1)$ 和 $\boldsymbol{\Sigma_0}(\boldsymbol{\Sigma_1})$ 分别表示数据矢量 $\boldsymbol{x}$ 在假设 $\mathcal{H}_0(\mathcal{H}_1)$ 下的均值矢量和协方差矩阵。由式 (3.5) 可知，数据矢量 $\boldsymbol{x}$ 在假设 $\mathcal{H}_i, i = 0, 1$ 下的概率分布函数 (probability distribution function, PDF) 如下：

$$f(\boldsymbol{x}|\mathcal{H}_i) = \frac{1}{(2\pi)^{M/2} \det^{1/2}(\boldsymbol{\Sigma}_i)} \exp\left[-\frac{1}{2}(\boldsymbol{x} - \boldsymbol{u}_i)^{\mathrm{T}} \boldsymbol{\Sigma}_i^{-1}(\boldsymbol{x} - \boldsymbol{u}_i)\right]. \tag{3.6}$$

在此基础上，似然比可计算如下：

$$\frac{f(\boldsymbol{x}|\mathcal{H}_1)}{f(\boldsymbol{x}|\mathcal{H}_0)} = \frac{\det^{1/2}(\boldsymbol{\Sigma_0})}{\det^{1/2}(\boldsymbol{\Sigma_1})} \times \exp\left[\frac{1}{2}\boldsymbol{x}^{\mathrm{T}}(\boldsymbol{\Sigma}_0^{-1} - \boldsymbol{\Sigma}_1^{-1})\boldsymbol{x} + (\boldsymbol{u}_1^{\mathrm{T}}\boldsymbol{\Sigma}_1^{-1} - \boldsymbol{u}_0^{\mathrm{T}}\boldsymbol{\Sigma}_0^{-1})\boldsymbol{x}\right]. \tag{3.7}$$

在式 (3.7) 等式两边分别取对数，然后进行简单的数学推导，可以得到如下检验统计量：

$$T_{\mathrm{LR}} = \boldsymbol{x}^{\mathrm{T}}(\boldsymbol{\Sigma}_0^{-1} - \boldsymbol{\Sigma}_1^{-1})\boldsymbol{x} + 2(\boldsymbol{u}_1^{\mathrm{T}}\boldsymbol{\Sigma}_1^{-1} - \boldsymbol{u}_0^{\mathrm{T}}\boldsymbol{\Sigma}_0^{-1})\boldsymbol{x} \underset{\mathcal{H}_0}{\overset{\mathcal{H}_1}{\gtrless}} \bar{\eta}_n. \tag{3.8}$$

从式 (3.8) 中可以看出, 基于似然比的检验统计量涉及非线性 (二次) 运算, 并且需要感知信道增益相关的参数 $u_0(u_1)$ 和 $\Sigma_0(\Sigma_1)$。然而, 在实际的频谱感知过程中, 由于缺乏来自授权用户的主动合作, 频谱感知节点很难获取感知信道增益相关的参数。并且, 由于式 (3.8) 中给出的检验统计量涉及非线性二次运算, 这使得后续的性能分析与推导十分困难。鉴于此, 将考虑基于等增益合并 (equal gain combining, EGC) 的数据融合方案, 该方案具有如下特点:

(1) 不需要感知信道增益的先验信息[63,134];

(2) 仅涉及线性运算, 便于理论分析, 比基于似然比 LR 的最优方案复杂度低;

(3) 可以获得与基于似然比 LR 的最优方案十分相近的感知性能[31,137]。

为验证下文分析的有效性, 仿真结果与分析部分将专门对 EGC 与 LR 的性能进行对比。

以第 n 个子带为例, 以等增益合并 (EGC) 为融合准则, 检验统计量可以表示如下:

$$T_{\mathrm{EGC},n} = \sum_{m=1}^{M} T_{m,n}. \tag{3.9}$$

由于正态分布的线性组合仍然是正态分布, 参考式 (3.2), 可以得到:

$$T_{\mathrm{EGC},n} \sim \begin{cases} \mathcal{N}\left(MN_0, \dfrac{MN_0^2}{N_{\mathrm{sam}}}\right), & \mathcal{H}_0 \\[4mm] \mathcal{N}\left(\displaystyle\sum_{m=1}^{M}(p_{m,n}+N_0), \dfrac{\displaystyle\sum_{m=1}^{M}(p_{m,n}+N_0)^2}{N_{\mathrm{sam}}}\right), & \mathcal{H}_1. \end{cases} \tag{3.10}$$

引入 η_n 作为融合中心处的全局判决门限, 将式 (3.10) 中的检验统计量与全局门限相比可以得到全局感知结果, 具体表示如下:

$$T_{\mathrm{EGC},n} \underset{\mathcal{H}_0}{\overset{\mathcal{H}_1}{\gtrless}} \eta_n. \tag{3.11}$$

在此基础上, 全局虚警概率和全局检测概率可以定义为

$$P_n^f = \mathrm{Pr}\{T_{\mathrm{EGC},n} \geqslant \eta_n | \mathcal{H}_0\} = Q\left(\frac{\eta_n - MN_0}{N_0\sqrt{M/N_{\mathrm{sam}}}}\right), \tag{3.12}$$

$$P_n^d = \Pr\{T_{\text{EGC},n} \geqslant \eta_n | \mathcal{H}_1\} = Q\left(\frac{\eta_n - \sum\limits_{m=1}^{M}(p_{m,n} + N_0)}{\sqrt{\sum\limits_{m=1}^{M}(p_{m,n} + N_0)^2/N_{\text{sam}}}}\right). \tag{3.13}$$

在下文中，式 (3.12) 和式 (3.13) 给出的全局虚警概率和全局检测概率将作为衡量频谱感知算法性能的度量指标。一般地，好的算法应该追求较低的虚警概率和较高的检测概率。这是因为虚警一方面会导致认知用户错过可用的频谱机会，有碍于提升频谱利用率。另一方面，较高的检测概率可以保证对授权用户提供较好保护，使得由于漏检造成的有害干扰保持在较低的水平。

对于给定的全局虚警概率 $P_n^f = \bar{P}_n^f$，由式 (3.12) 可得其对应的全局检测门限 $\bar{\eta}_n$ 如下：

$$\bar{\eta}_n = N_0\sqrt{M/N_{\text{sam}}}Q^{-1}(\bar{P}_n^f) + MN_0. \tag{3.14}$$

将式 (3.14) 代入式 (3.13)，可得全局检测概率 $\bar{P}_n^d$ 为

$$\bar{P}_n^d = Q\left(\frac{N_0\sqrt{M/N_{\text{sam}}}Q^{-1}(\bar{P}_n^f) - \sum\limits_{m=1}^{M}p_{m,n}}{\sqrt{\sum\limits_{m=1}^{M}(p_{m,n} + N_0)^2/N_{\text{sam}}}}\right), \tag{3.15}$$

式中，$Q(\cdot)^{-1}$ 表示 Q 函数的反函数。

注释 3.1 一般地，当不存在异常数据时，融合中心可以通过调整全局检测门限 $\bar{\eta}_n$、采样点数 N_{sam} 和感知节点数 M 来维持目标全局虚警概率 $\bar{P}_n^f$ 和全局检测概率 $\bar{P}_n^d$。然而，当采用个人便携设备作为频谱感知节点时，由于不可预知的随机设备误差、故障或恶意行为，每个节点都有可能随机地或突发地提供异常数据。异常数据的存在将使得全局感知性能偏离目标，脱离融合中心的控制。

针对这个实际问题，首先提出一种异常数据的统一建模方案，然后分析异常数据对协同频谱感知全局性能的影响。

3.2 数学建模与性能分析

3.2.1 异常数据的统一建模

以频谱感知节点 m 在第 n 个子带上的感知数据为例，包含异常数据的感知数

据统一模型表示如下：

$$y_{m,n} = \underbrace{p_{m,n} \cdot 1_{\{\mathcal{H}_i\}} + v_{m,n}}_{\text{能量检测器的输出},T_{m,n}} + \underbrace{a_{m,n}}_{\text{异常数据分量}} \,, \tag{3.16}$$

式中，$1_{\{\mathcal{H}_i\}}$ 表示符号函数，$1_{\{\mathcal{H}_i\}} = \begin{cases} 1, \mathcal{H}_i = \mathcal{H}_1 \\ 0, \mathcal{H}_i = \mathcal{H}_0 \end{cases}$；$T_{m,n}$ 表示能量检测器的输出，见式 (3.2)，其中包含接收到的授权用户信号强度分量 $p_{m,n}$ 和均值为 N_0、方差为 $\sigma_{v_{m,n}^2} = (p_{m,n} \cdot 1_{\{\mathcal{H}_1\}} + N_0)^2/N_{\text{sam}}$ 的高斯噪声分量。注意到，式 (3.16) 中 $a_{m,n}$ 表示异常数据分量。如果感知数据 $y_{m,n}$ 是正常数据，则 $a_{m,n}=0$；否则，感知数据 $y_{m,n}$ 包含非零异常数据分量，$a_{m,n} \neq 0$。

基于式 (3.16) 给出的感知数据的统一模型，可以看出：

(1) 式 (3.16) 中的异常数据分量的具体形式可以是多样的，这使得它可以包含现有文献中几乎所有的软值异常数据模型 (例如 "总是正值"(always yes)、"总是负值"(always no)[62]、"总是取反"(always adverse)[63] 和综述文献 [7, 8, 20] 中的其他模型)，将它们作为特例。

(2) 在原始能量检测器输出的基础上，加入非零异常数据分量会使基于数据融合的协同频谱感知不再准确有效。如图 3.2 所示，以第 n 个子带上的频谱感知为例，加入非零异常数据分量对融合结果可能是有益的，也可能是有害的，两个极端的情况分析如下：

极端情况 1：当没有授权用户信号时 $(\mathcal{H}_0)$，频谱感知节点 m 加入正的异常数据分量 $(a_{m,n} > 0)$；当存在授权用户信号时 $(\mathcal{H}_1)$，频谱感知节点 m 加入负的异常数据分量 $(a_{m,n} < 0)$。这是最有害的异常数据模式，可以被看作是融合中心获得的融合性能下界 (lower bound)(图 3.2)。

极端情况 2：当没有授权用户信号时 $(\mathcal{H}_0)$，频谱感知节点 m 加入负的异常数据分量 $(a_{m,n} < 0)$；当存在授权用户信号时 $(\mathcal{H}_1)$，频谱感知节点 m 加入正的异常数据分量 $(a_{m,n} > 0)$。这是最有益的异常数据模式，可以被看作是融合中心获得的融合性能上界 (upper bound)(图 3.2)。

(3) 由于频谱感知节点无法获得授权用户信号状态的真实情况，所以更实际、更一般的情况 (general) 将使得融合中心获得的融合性能处于上述极端情况的下界和上界之间 (图 3.2)。从统计意义上讲，一般化的异常数据模型可以表述如下：

(i) 当没有授权用户信号时 $(\mathcal{H}_0)$，频谱感知节点 m 以概率 $\alpha_{m,n}^1$ 加入正的异常数据，以概率 $\alpha_{m,n}^2$ 加入负的异常数据，以概率 $\alpha_{m,n}^3 = 1 - \alpha_{m,n}^1 - \alpha_{m,n}^2$ 上报正常数据；

(ii) 当存在授权用户信号时 $(\mathcal{H}_1)$，频谱感知节点 m 以概率 $\beta_{m,n}^1$ 加入正的异常数据，以概率 $\beta_{m,n}^2$ 加入负的异常数据，以概率 $\beta_{m,n}^3 = 1 - \beta_{m,n}^1 - \beta_{m,n}^2$ 上报正常数据。

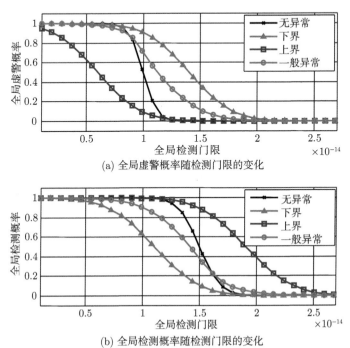

(a) 全局虚警概率随检测门限的变化

(b) 全局检测概率随检测门限的变化

图 3.2　不同异常数据类型下全局感知性能随检测门限的变化

在上述异常数据的统一模型中，异常数据的来源分析如下：

(1) 非零异常数据可能来自性能不可靠的频谱感知节点，这些节点会产生随机的设备故障或测量误差。在这种情况下，概率组 $\{\alpha_{m,n}^1, \alpha_{m,n}^2, \alpha_{m,n}^3, \beta_{m,n}^1, \beta_{m,n}^2, \beta_{m,n}^3\}$ 反映的是频谱感知节点 m 的统计可靠性。

(2) 非零异常数据可能来自恶意节点的蓄意伪造数据。在这种情况下，恶意节点通常会首先进行本地频谱感知，然后以概率 $P_{m,n}^a$ 来篡改感知数据[①]。特别地，如果 $T_{m,n} \leqslant \eta_{m,n}$，那么以概率 $P_{m,n}^a$ 来加入正的异常数据分量 $a_{m,n} > 0$，以概率 $1 - P_{m,n}^a$ 来上报正常数据，即 $a_{m,n} = 0$。相反，如果 $T_{m,n} > \eta_{m,n}$，那么以概率 $P_{m,n}^a$ 来加入负的异常数据分量 $a_{m,n} < 0$，以概率 $1 - P_{m,n}^a$ 来上报正常数据，即 $a_{m,n} = 0$。

---

① 为了获得恶意攻击的破坏性，同时保护自身不被轻易发现，"聪明的"恶意频谱感知节点通常会选择一个大于 0 且小于 1 的攻击概率。

在此情况下，概率组 $\{\alpha_{m,n}^1, \alpha_{m,n}^2, \alpha_{m,n}^3, \beta_{m,n}^1, \beta_{m,n}^2, \beta_{m,n}^3\}$ 可以通过如下推导获得

$$
\begin{aligned}
\alpha_{m,n}^1 &= \Pr\{a_{m,n} > 0 | \mathcal{H}_0\} \\
&= \Pr\{T_{m,n} \leqslant \eta_{m,n} | \mathcal{H}_0\} P_{m,n}^a \\
&= (1 - P_{m,n}^f) P_{m,n}^a,
\end{aligned}
\tag{3.17}
$$

$$
\begin{aligned}
\alpha_{m,n}^2 &= \Pr\{a_{m,n} < 0 | \mathcal{H}_0\} \\
&= \Pr\{T_{m,n} > \eta_{m,n} | \mathcal{H}_0\} P_{m,n}^a \\
&= P_{m,n}^f P_{m,n}^a,
\end{aligned}
\tag{3.18}
$$

$$
\alpha_{m,n}^3 = 1 - \alpha_{m,n}^1 - \alpha_{m,n}^2 = 1 - P_{m,n}^a.
\tag{3.19}
$$

类似地，可以得到：

$$
\beta_{m,n}^1 = (1 - P_{m,n}^d) P_{m,n}^a,
\tag{3.20}
$$

$$
\beta_{m,n}^2 = P_{m,n}^d P_{m,n}^a,
\tag{3.21}
$$

$$
\beta_{m,n}^3 = 1 - P_{m,n}^a.
\tag{3.22}
$$

(3) 在实际的协同频谱感知中，非零异常数据可能是来自以上两种情况的组合。在这种情况下，概率组 $\{\alpha_{m,n}^1, \alpha_{m,n}^2, \alpha_{m,n}^3, \beta_{m,n}^1, \beta_{m,n}^2, \beta_{m,n}^3\}$ 反映的是频谱感知节点的统计可靠性和恶意行为的综合效应。

因此，给定上述的异常数据的统一模型，下文主要关心以下问题：

理论上，存在异常数据的情况下，融合中心可以获得的全局检测性能是什么？

实践中，是否存在有效的方法来消除异常数据的负面影响？如果存在的话，异常数据是应该完全从融合过程中剔除，还是可以被有效地利用？

3.2.2　异常数据对感知性能的影响

本节中分析异常数据对全局感知性能的影响，这将为后文中稳健感知算法的设计提供理论指导。

实际中，异常数据模型的具体形式可能是多样的。如前文所述，非零异常数据可能来自性能不可靠的频谱感知节点的随机设备故障，也可能来自恶意节点的蓄意伪造数据。针对随机设备故障或随机测量误差，人们通常是用高斯变量来近似。针对恶意节点的蓄意伪造数据，文献中多用常数偏差来刻画非零异常数据[62,63]，这可以看作是高斯变量的特例。在未来的研究中，有必要通过实测数据来分析、建模、

拟合真实的非零异常数据的分布。为便于下文理论分析,此处考虑非零异常数据服从正态分布。

根据 3.2.1 节的建模分析,在假设 $\mathcal{H}_0$ 和 $\mathcal{H}_1$ 条件下,频谱感知节点 m 在第 n 个子带上的异常感知数据分量可以分别表示为

$$
a_{m,n}|\mathcal{H}_0 \sim \begin{cases} \xrightarrow{\alpha^1_{m,n}} \mathcal{N}(\mu_{m,n}, \sigma^2_{m,n}) \\ \xrightarrow{\alpha^2_{m,n}} \mathcal{N}(-\mu_{m,n}, \sigma^2_{m,n}) \\ \xrightarrow{\alpha^3_{m,n}} 0, \end{cases}
\tag{3.23}
$$

$$
a_{m,n}|\mathcal{H}_1 \sim \begin{cases} \xrightarrow{\beta^1_{m,n}} \mathcal{N}(\mu_{m,n}, \sigma^2_{m,n}) \\ \xrightarrow{\beta^2_{m,n}} \mathcal{N}(-\mu_{m,n}, \sigma^2_{m,n}) \\ \xrightarrow{\beta^3_{m,n}} 0, \end{cases}
\tag{3.24}
$$

式中,$\mu_{m,n}$ 表示异常数据强度的均值,$\mu_{m,n} > 0$;$\sigma_{m,n}$ 表示异常数据强度的标准差。

由式 (3.16) 可知,$y_{m,n} = T_{m,n} + a_{m,n}$,进一步结合式 (3.2)、式 (3.23) 和式 (3.24),可得

$$
y_{m,n}|\mathcal{H}_0 \sim \begin{cases} \xrightarrow{\alpha^1_{m,n}} \mathcal{N}\left(N_0 + \mu_{m,n}, \frac{N_0^2}{N_{\text{sam}}} + \sigma^2_{m,n}\right) \\ \xrightarrow{\alpha^2_{m,n}} \mathcal{N}\left(N_0 - \mu_{m,n}, \frac{N_0^2}{N_{\text{sam}}} + \sigma^2_{m,n}\right) \\ \xrightarrow{\alpha^3_{m,n}} \mathcal{N}\left(N_0, \frac{N_0^2}{N_{\text{sam}}}\right), \end{cases}
\tag{3.25}
$$

$$
y_{m,n}|\mathcal{H}_1 \sim \begin{cases} \xrightarrow{\beta^1_{m,n}} \mathcal{N}\left(p_{m,n} + N_0 + \mu_{m,n}, \frac{(p_{m,n} + N_0)^2}{N_{\text{sam}}} + \sigma^2_{m,n}\right) \\ \xrightarrow{\beta^2_{m,n}} \mathcal{N}\left(p_{m,n} + N_0 - \mu_{m,n}, \frac{(p_{m,n} + N_0)^2}{N_{\text{sam}}} + \sigma^2_{m,n}\right) \\ \xrightarrow{\beta^3_{m,n}} \mathcal{N}\left(p_{m,n} + N_0, \frac{(p_{m,n} + N_0)^2}{N_{\text{sam}}}\right). \end{cases}
\tag{3.26}
$$

在融合中心处使用基于等增益合并 (EGC) 的融合准则,存在异常数据的情况下,第 n 个子带上的全局检验统计量 x_n 可以表示为

$$
x_n = \bar{T}_{\text{EGC},n} = \sum_{m=1}^{M} y_{m,n}.
\tag{3.27}
$$

令 c_m, $m=1,2,\cdots,M$ 表示第 m 个频谱感知节点的异常数据分量标识符。$c_m=1$ 对应 "正的异常数据分量"；$c_m=2$ 对应 "负的异常数据分量"；$c_m=3$ 对应 "异常数据分量为 0"。则在假设 $\mathcal{H}_0$ 条件下，全局检验统计量 x_n 的概率分布函数可以表示为

$$
\begin{aligned}
f(x_n|\mathcal{H}_0) &= \sum_{c_1=1}^{3}\sum_{c_2=1}^{3}\cdots\sum_{c_M=1}^{3} f(x_n|c_1,c_2,\cdots,c_M,\mathcal{H}_0) \\
&\quad \times \Pr(c_1|\mathcal{H}_0)\Pr(c_2|\mathcal{H}_0)\cdots\Pr(c_M|\mathcal{H}_0) \\
&= \sum_{c_1=1}^{3}\sum_{c_2=1}^{3}\cdots\sum_{c_M=1}^{3} \frac{\alpha_{1,n}^{c_1}\alpha_{2,n}^{c_2}\cdots\alpha_{M,n}^{c_M}}{\sqrt{2\pi\sum_{m=1}^{M}\left(N_0^2/N_{\text{sam}}+|\theta_{m,n}^{c_m}|\sigma_{m,n}^2\right)}} \\
&\quad \times \exp\left(-\frac{\left[x_n-\sum_{m=1}^{M}\left(N_0+\theta_{m,n}^{c_m}\mu_{m,n}\right)\right]^2}{2\sum_{m=1}^{M}\left(N_0^2/N_{\text{sam}}+|\theta_{m,n}^{c_m}|\sigma_{m,n}^2\right)}\right),
\end{aligned}
\tag{3.28}
$$

式 (3.28) 中第一个等号是在各个频谱感知节点的数据统计独立的条件下应用全概率公式得到；第二个等号右边 $\theta_{m,n}^{c_m}\in\{1,-1,0\}$ 分别对应异常数据分量为 {正, 负, 零} 的情况。

类似地，在假设 $\mathcal{H}_1$ 条件下，全局检验统计量 x_n 的概率分布函数可以表示为

$$
\begin{aligned}
f(x_n|\mathcal{H}_1) &= \sum_{c_1=1}^{3}\sum_{c_2=1}^{3}\cdots\sum_{c_M=1}^{3} f(x_n|c_1,c_2,\cdots,c_M,\mathcal{H}_1) \\
&\quad \times \Pr(c_1|\mathcal{H}_1)\Pr(c_2|\mathcal{H}_1)\cdots\Pr(c_M|\mathcal{H}_1) \\
&= \sum_{c_1=1}^{3}\sum_{c_2=1}^{3}\cdots\sum_{c_M=1}^{3} \frac{\beta_{1,n}^{c_1}\beta_{2,n}^{c_2}\cdots\beta_{M,n}^{c_M}}{\sqrt{2\pi\sum_{m=1}^{M}\left[(p_{m,n}+N_0)^2/N_{\text{sam}}+|\theta_{m,n}^{c_m}|\sigma_{m,n}^2\right]}} \\
&\quad \times \exp\left(-\frac{\left[x_n-\sum_{m=1}^{M}(p_{m,n}+N_0+\theta_{m,n}^{c_m}\mu_{m,n})\right]^2}{2\sum_{m=1}^{M}\left[(p_{m,n}+N_0)^2/N_{\text{sam}}+|\theta_{m,n}^{c_m}|\sigma_{m,n}^2\right]}\right).
\end{aligned}
\tag{3.29}
$$

进一步，通过比较全局检验统计量 x_n 和全局检测门限 $\bar{\eta}_n$(式 (3.14)) 的大小，可以得到全局判决结果如下：

$$x_n \underset{\mathcal{H}_0}{\overset{\mathcal{H}_1}{\gtrless}} \bar{\eta}_n. \tag{3.30}$$

因此, 存在非零异常数据条件下的全局虚警概率 $\tilde{P}_n^f$ 和全局检测概率 $\tilde{P}_n^d$ 分别计算如下:

$$
\begin{aligned}
\tilde{P}_n^f &= \Pr\{x_n \geqslant \bar{\eta}_n | \mathcal{H}_0\} = \int_{\bar{\eta}_n}^{+\infty} f(x_n | \mathcal{H}_0) \mathrm{d}x_n \\
&= \sum_{c_1=1}^{3} \sum_{c_2=1}^{3} \cdots \sum_{c_M=1}^{3} \alpha_{1,n}^{c_1} \alpha_{2,n}^{c_2} \cdots \alpha_{M,n}^{c_M} \\
&\quad \times Q\left(\frac{\bar{\eta}_n - \sum\limits_{m=1}^{M} (N_0 + \theta_{m,n}^{c_m} \mu_{m,n})}{\sqrt{\sum\limits_{m=1}^{M} (N_0^2 / N_{\mathrm{sam}} + |\theta_{m,n}^{c_m}| \sigma_{m,n}^2)}} \right),
\end{aligned} \tag{3.31}
$$

$$
\begin{aligned}
\tilde{P}_n^d &= \Pr\{x_n \geqslant \bar{\eta}_n | \mathcal{H}_1\} = \int_{\bar{\eta}_n}^{+\infty} f(x_n | \mathcal{H}_1) \mathrm{d}x_n \\
&= \sum_{c_1=1}^{3} \sum_{c_2=1}^{3} \cdots \sum_{c_M=1}^{3} \beta_{1,n}^{c_1} \beta_{2,n}^{c_2} \cdots \beta_{M,n}^{c_M} \\
&\quad \times Q\left(\frac{\bar{\eta}_n - \sum\limits_{m=1}^{M} (p_{m,n} + N_0 + \theta_{m,n}^{c_m} \mu_{m,n})}{\sqrt{\sum\limits_{m=1}^{M} [(p_{m,n} + N_0)^2 / N_{\mathrm{sam}} + |\theta_{m,n}^{c_m}| \sigma_{m,n}^2]}} \right).
\end{aligned}
$$

$$\tag{3.32}$$

图 3.3 中给出非零异常数据对全局检测性能影响的仿真结果。蒙特卡罗 (Monte Carlo) 仿真用来验证式 (3.31) 和式 (3.32) 中给出的全局虚警概率和全局检测概率理论闭合解析式的正确性。图 3.3 中各种标记符号对应不同异常数据概率下的蒙特卡罗仿真结果, 各条线为根据式 (3.31) 和式 (3.32) 得到的相应理论解析结果。在此仿真中, 以单个子带为例, 频谱感知节点总数设为 $M=5$, 其中 2 个节点概率性地提供非零异常数据, 其对应的概率参数为 $\alpha^1 = (1 - P_{\mathrm{local}}^f) P^a$, $\alpha^2 = P_{\mathrm{local}}^f P^a$, $\alpha^3 = 1 - P^a$, $\beta^1 = (1 - P_{\mathrm{local}}^d) P^a$, $\beta^2 = P_{\mathrm{local}}^d P^a$, $\beta^3 = 1 - P^a$, 设 P_{local}^f 为 0.1, 对应的 P_{local}^d 通过式 (3.3) 和式 (3.4) 求得; 其他 3 个节点为正常节点, 其对应的概率参数为 $\alpha^1=0$, $\alpha^2=0$, $\alpha^3=1$, $\beta^1=0$, $\beta^2=0$, $\beta^3=1$。授权用户发射功率为 $5 \times 10^{-3} \mathrm{W}$, 噪声功率为 $N_0 = 10^{-14} \mathrm{W}$。异常数据的均值和标准差设为 $N_0 = 10^{-14}$。

从图 3.3 中可以看出:

(1) 仿真结果与解析结果吻合得很好;

(2) 非零异常数据的存在显著地降低了全局检测性能;

(3) 对于给定的全局虚警概率,随着非零异常数据比例 P^a 的不断提高,全局检测概率不断降低。

为有效克服非零异常数据的负面影响,进而提升全局检测性能,设计稳健的频谱感知是十分必要的。

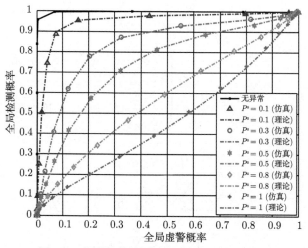

图 3.3   非零异常数据对全局检测性能的影响

3.3   稀疏矩阵统计学习算法设计

图 3.4 给出了一个感知数据分布示意图。图中每列表示某一个子带的信号占用

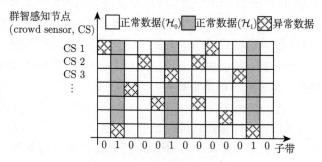

图 3.4   感知数据分布示意图

情况, 其中 "1" 表示授权用户信号存在 $(\mathcal{H}_0)$, "0" 表示授权用户信号不存在 $(\mathcal{H}_1)$。每行表示某一个频谱感知节点在各个子带上的感知数据。

3.3.1　异常数据净化的稀疏矩阵表征

考虑如图 3.4 所示的多节点多信道协同频谱感知问题, 由于不可预期的设备故障或恶意行为, 每个感知节点都可能随机地、偶发地提供异常数据, 这种情况与现有研究的假设存在明显的不同: 现有研究中通常假设大多数频谱感知节点都是诚实可靠的, 这些节点从不提供异常数据。

针对如图 3.4 所示的新的异常数据分布模型, 本节将设计一种基于数据净化的稳健协同频谱感知算法, 该算法联合利用如下两个特性:

(1) 授权频谱的利用率相对低下 (under-utilization) 的特性, 这一特性得到许多频谱实测工作 (如文献 [70, 72, 131]) 的验证;

(2) 非零异常数据的稀疏 (sparsity) 分布特性, 这一特性反映的是偶发的设备故障和随机的恶意行为。

本节所提算法的优势在于:

(1) 所有感知数据 (包括正常数据和净化后的异常数据) 都将被用来进行数据融合, 这样可以获得感知数据的满分集增益;

(2) 不需要先验知识 (如节点位置) 和历史信息 (如节点信誉), 避免了复杂的权值设计。

在本小节中, 每个频谱感知节点分别将感知到的各个子带上的信号能量数据上报给融合中心, 在此基础上, 融合中心将 3.1.1 节中建立的频谱感知数据模型用矩阵形式来表示, 这样做可以方便后续步骤的数据处理。

首先, 为刻画 N 个子带上的授权用户信号占用状态, 引入大小为 $N \times N$ 的对角矩阵 $\boldsymbol{R}_{N \times N}$, 其每个对角元素取值为 0 或 1, 取值为 0 的对角元素对应的子带上没有授权用户信号; 反之, 取值为 1 的对角元素对应的子带存在授权用户信号。

其次, 为刻画 M 个频谱感知节点在 N 个子带的频谱感知数据, 引入大小为 $M \times N$ 的矩阵 $\boldsymbol{Y}_{M \times N}$, 其第 m 行第 n 列元素对应感知到的信号能量数据 $y_{m,n}, m = 1, \cdots, M, n = 1, \cdots, N$。

进一步, 引入大小为 $M \times N$ 的矩阵 $\boldsymbol{P}_{M \times N}$, 其第 m 行第 n 列元素对应感知到的授权用户信号强度 $p_{m,n}, m = 1, \cdots, M, n = 1, \cdots, N$。

引入大小为 $M \times N$ 的矩阵 $\boldsymbol{V}_{M \times N}$, 其第 m 行第 n 列元素对应感知到的噪声信号强度 $v_{m,n}, m = 1, \cdots, M, n = 1, \cdots, N$。

引入大小为 $M \times N$ 的矩阵 $\boldsymbol{A}_{M \times N}$, 其第 m 行第 n 列元素对应感知数据偏差

(包括设备随机误差和感知数据造假)$a_{m,n}, m = 1, \cdots, M, n = 1, \cdots, N$。

在此基础上，式 (3.16) 所示的感知数据模型可以用下式进行矩阵化表示：

$$Y_{M \times N} = \underbrace{P_{M \times N} R_{N \times N} + V_{M \times N}}_{\text{能量检测器输出矩阵}} + \underbrace{A_{M \times N.}}_{\text{异常数据分量矩阵}} \qquad (3.33)$$

授权频谱的利用率低下这一特性意味着矩阵 $R_{N \times N}$ 中非零对角线元素个数通常满足 $r < N$。因此，矩阵 $R_{N \times N}$ 是低秩的。同时，考虑到异常数据是由偶发的设备故障和随机的恶意行为导致，矩阵 $A_{M \times N}$ 中非零元素是随机且稀疏地分布着。在此基础上，稳健频谱感知面临的挑战是：如何充分利用矩阵 $R_{N \times N}$ 的低秩性和矩阵 $A_{M \times N}$ 中非零元素的稀疏性这两个特性，从含噪的且包含非零异常数据的感知数据矩阵 $Y_{M \times N}$ 中把矩阵 $R_{N \times N}$ 的对角元素恢复出来，以确定各个子带上授权用户信号的占用状态。

注释 3.2   由于缺乏来自授权用户的合作，授权用户信号的发射功率以及授权用户到各个频谱感知节点的感知信道状态信息都难以获得，这使得授权用户信号强度矩阵 $P_{M \times N}$ 的精确先验信息难以获得，因此，直接从矩阵 $Y_{M \times N}$ 中把矩阵 $R_{N \times N}$ 的对角元素恢复出来是不现实的。为有效解决这个问题，引入新的矩阵 $X_{M \times N} = P_{M \times N}$。由矩阵秩的基本特性可知 $\mathrm{rank}(X) \leqslant \min\{\mathrm{rank}(P), \mathrm{rank}(R)\}$，因此，矩阵 $X_{M \times N}$ 也是低秩的。

为了从感知数据矩阵 $Y_{M \times N}$ 中把低秩矩阵 $X_{M \times N}$ 恢复出来，建模为如下的稳健主成分追击 (stable principal component pursuit) 问题：

$$\begin{aligned} \min_{\{X, A\}} \ &\mathrm{rank}(X) + \lambda \|A\|_0 \\ \text{subject to } &Y = X + V + A, \end{aligned} \qquad (3.34)$$

式中，$\mathrm{rank}(\cdot)$ 和 $\|\cdot\|_0$ 分别表示计算矩阵秩和计算矩阵非零元素个数的运算符。λ 是一个正的、控制矩阵稀疏性的可调参数。由于噪声分量 V 的存在，感知数据矩阵 Y 不再具有严格的低秩和稀疏特性。此外，式 (3.34) 中给出的优化问题具有组合优化的特性，属于 NP 难问题[139]。

3.3.2   基于数据净化的稳健频谱感知

为了有效求解上述优化问题，分别引入核模 (nuclear norm)$\|X\|_* = \sum_i \sigma_i(X)$ 作为矩阵秩运算的凸替代 (convex surrogate)，引入 l_1 模 (l_1-norm)$\|A\|_1 = \sum_{m,n} |a_{m,n}|$ 作为 l_0 模 (l_0-norm)$\|A\|_0$ 的凸替代。在此基础上，式 (3.34) 中给

出的优化问题可以放松为如下可解析求解的优化问题：

$$\min_{\{\boldsymbol{X},\boldsymbol{A}\}} ||\boldsymbol{X}||_* + \lambda||\boldsymbol{A}||_1$$
$$\text{subject to } ||\boldsymbol{Y} - \boldsymbol{X} - \boldsymbol{A}||_{\mathrm{F}} \leqslant \varepsilon. \tag{3.35}$$

式中，ε 是一个与噪声相关的参数。进一步，通过引入可调参数 μ，式 (3.35) 定义的约束优化问题可以转化为下述非约束优化问题：

$$\min_{\{\boldsymbol{X},\boldsymbol{A}\}} ||\boldsymbol{X}||_* + \lambda||\boldsymbol{A}||_1 + \frac{\mu}{2}||\boldsymbol{Y} - \boldsymbol{X} - \boldsymbol{A}||_{\mathrm{F}}^2. \tag{3.36}$$

为有效地求解式 (3.36) 定义的优化问题，下文采取交替方向乘子法 (alternating direction method of multipliers, ADMM)[140] 来进行算法推导。该方法的主要优势在于可以在较少的迭代次数下获得较高的算法收敛精度。具体地，首先引入增广拉格朗日 (augmented Lagrangian) 如下：

$$\mathcal{L}(\boldsymbol{X},\boldsymbol{A},\mu) = ||\boldsymbol{X}||_* + \lambda||\boldsymbol{A}||_1 + \frac{\mu}{2}||\boldsymbol{Y} - \boldsymbol{X} - \boldsymbol{A}||_{\mathrm{F}}^2. \tag{3.37}$$

注意到，$\min_{\boldsymbol{X}} \mathcal{L}(\boldsymbol{X},\boldsymbol{A},\mu)$ 和 $\min_{\boldsymbol{A}} \mathcal{L}(\boldsymbol{X},\boldsymbol{A},\mu)$ 都存在简单有效的解。因此，可以通过以下两步交互迭代过程来设计算法 (迭代次数记为 $k = 1,2,\cdots$)。

步骤 S1：更新接收授权用户信号强度矩阵

固定 $\boldsymbol{A} = \boldsymbol{A}[k-1]$，本步骤中通过优化 $\boldsymbol{X}$ 来最小化 $\mathcal{L}(\boldsymbol{X},\boldsymbol{A},\mu)$，具体通过如下推导实现：

$$\begin{aligned}
\boldsymbol{X}[k] &= \arg\min_{\boldsymbol{X}} \mathcal{L}(\boldsymbol{X},\boldsymbol{A}[k-1],\mu) \\
&= \arg\min_{\boldsymbol{X}} ||\boldsymbol{X}||_* + \frac{\mu}{2}||\boldsymbol{Y} - \boldsymbol{A}[k-1] - \boldsymbol{X}||_{\mathrm{F}}^2 \\
&= \boldsymbol{P}\mathcal{S}_{\mu^{-1}}(\boldsymbol{S})\boldsymbol{Q}^{\mathrm{T}},
\end{aligned} \tag{3.38}$$

其中，最后一个等式的详细推导过程见文献 [141]，$\boldsymbol{PSQ}^{\mathrm{T}}$ 表示 $\boldsymbol{Y} - \boldsymbol{A}[k-1]$ 的奇异值分解 (singular value decomposition, SVD)，即 $\boldsymbol{PSQ}^{\mathrm{T}} = \text{SVD}(\boldsymbol{Y} - \boldsymbol{A}[k-1])$。$\boldsymbol{Q}^{\mathrm{T}}$ 表示矩阵 $\boldsymbol{Q}$ 的转置，$\mathcal{S}_{\mu^{-1}}(\cdot)$ 是一个对矩阵中各个元素独立进行运算的运算符，假设 x 为 Λ 的任意元素，则有

$$\mathcal{S}_{\mu^{-1}}(x) = \begin{cases}
\max(|x| - \mu^{-1}, 0), & x > 0 \\
-\max(|x| - \mu^{-1}, 0), & x < 0 \\
0, & x = 0.
\end{cases} \tag{3.39}$$

步骤 S2：更新异常数据矩阵

固定 $\boldsymbol{X} = \boldsymbol{X}[k]$，本步骤中通过优化 $\boldsymbol{A}$ 来最小化 $\mathcal{L}(\boldsymbol{X}, \boldsymbol{A}, \mu)$，具体通过如下推导实现：

$$
\begin{aligned}
\boldsymbol{A}[k] &= \arg\min_{\boldsymbol{A}} \mathcal{L}(\boldsymbol{X}[k], \boldsymbol{A}, \mu) \\
&= \arg\min_{\boldsymbol{A}} \lambda\|\boldsymbol{A}\|_1 + \frac{\mu}{2}\|\boldsymbol{Y} - \boldsymbol{X}[k] - \boldsymbol{A})\|_{\mathrm{F}}^2 \\
&= \mathcal{S}_{\lambda\mu^{-1}}(\boldsymbol{Y} - \widehat{\boldsymbol{X}}[k]).
\end{aligned}
\tag{3.40}
$$

通过交替执行上述步骤 S1 和步骤 S2，当满足终止条件 $\|\boldsymbol{Y} - \boldsymbol{X}[k+1] - \boldsymbol{A}[k+1]\|_{\mathrm{F}}/\|\boldsymbol{Y}\|_{\mathrm{F}} < \varepsilon_2$ 时，则迭代终止。此时，可以得到优化结果：$\widehat{\boldsymbol{X}} = \boldsymbol{X}[k+1]$，$\widehat{\boldsymbol{A}} = \boldsymbol{A}[k+1]$。$\varepsilon$ 表示迭代终止判断阈值，通常取 10^{-6}。

基于净化后的感知数据矩阵 $\widehat{\boldsymbol{X}}$，对于每个子带，利用 3.1.2 小节介绍的数据融合准则对净化后各个频谱感知节点的数据进行融合判决，可以得到频谱感知的最终结果。综上所述，算法伪代码总结如表 3.1 所示。

表 3.1　基于数据净化的稳健频谱感知算法

算法：基于数据净化的稳健频谱感知
阶段 1：数据净化
1：输入感知数据矩阵 $\boldsymbol{Y}$，和算法参数 $\lambda = 1/\sqrt{\max(M, N)}$，$\mu = N_0/[N_{\mathrm{sam}}\sqrt{\max(M, N)}]$
2：随机初始化 $\widehat{\boldsymbol{A}}[1]$
3：**For** $k = 1, 2, \cdots$
4：步骤 S1：更新接收授权用户信号强度矩阵
5：$(\boldsymbol{P}, \boldsymbol{S}, \boldsymbol{Q}) = \mathrm{SVD}(\boldsymbol{Y} - \widehat{\boldsymbol{A}}[k])$
6：$\widehat{\boldsymbol{X}}[k+1] = \boldsymbol{P}\mathcal{S}_{\mu^{-1}}(\boldsymbol{S})\boldsymbol{Q}^{\mathrm{T}}$
7：步骤 S2：更新异常数据矩阵
8：$\widehat{\boldsymbol{A}}[k+1] = \mathcal{S}_{\lambda\mu^{-1}}(\boldsymbol{Y} - \widehat{\boldsymbol{X}}[k+1])$
9：**End For**
10：返回净化后的数据矩阵 $\widehat{\boldsymbol{X}} = [\hat{x}_{m,n}]$
阶段 2：数据融合
1：**For** $n = 1, 2, \cdots, N$
2：基于似然比 LR 的融合判决 $T_{\mathrm{LR}} = \boldsymbol{x}^{\mathrm{T}}(\boldsymbol{\Sigma}_0^{-1} - \boldsymbol{\Sigma}_1^{-1})\boldsymbol{x} + 2(\boldsymbol{u}_1^{\mathrm{T}}\boldsymbol{\Sigma}_1^{-1} - \boldsymbol{u}_0^{\mathrm{T}}\boldsymbol{\Sigma}_0^{-1})\boldsymbol{x} \underset{\mathcal{H}_0}{\overset{\mathcal{H}_1}{\gtrless}} \bar{\eta}_n$
3：基于等增益合并 EGC 的融合判决 $\hat{T}_{\mathrm{EGC},n} = \sum_{m=1}^{M} \hat{x}_{m,n} \underset{\mathcal{H}_0}{\overset{\mathcal{H}_1}{\gtrless}} \bar{\eta}_n$
4：**End For**

算法复杂度分析：上述算法的主要计算复杂度在于第 5 行中的奇异值分解运

算。为减少其运算量，本书采用文献 [142] 提出的近似奇异值分解算法，其核心思想是不去计算所有的奇异值，仅仅计算最大的 r 个奇异值。这种近似对于低秩或渐近低秩矩阵是非常有效的，它在降低运算量的同时，并没有过多损害矩阵奇异值的相关特性。

3.4 结果与分析

3.4.1 仿真参数设置

在下文的仿真中，考虑 IEEE 802.22 无线区域网 (WRAN) 中小尺度授权用户场景 (small-scale primary user)。一个授权用户发射机 (如低功率的无线麦克风) 位于二维坐标原点 (0m, 0m)，$M = 50$ 个便携的频谱传感节点随机分布在中心为 (1000m, 0m)、边长为 100m 的方形区域内。对于式 (3.1) 给出的信号传播模型，参考距离设为 d_0=1m，授权用户发射功率设为 p_0=10^{-3}W，路径损耗指数为 4，瑞利衰落 (Rayleigh fading) 的均值为 1，对数正态阴影 (log-normal shadowing) 的 dB 扩展为 4。子带总数为 N=100，每个子带的带宽为 200kHz，平均占用概率为 0.2。每个子带的采样时间为 0.1ms，因此，在每个感知周期里，每个频谱感知节点在每个子带上的采样点数为 N_{sam}=20。根据文献 [143]，给定噪声功率谱密度 (noise power spectral density)−174dBm/Hz，噪声系数 (noise figure)11dB，每个子带的噪声功率可以通过下式来计算得到：

$$N_0 = -174 + 10\lg(BW) + 11 \approx -110\mathrm{dBm} = 10^{-14}\mathrm{W} \tag{3.41}$$

进一步，根据文献 [144, 145] 提供的思路，所提算法中的参数设置为 $\lambda = 1/\sqrt{\max(M,N)}$，$\mu = N_0/[N_{\mathrm{sam}}\sqrt{\max(M,N)}]$。其他一些具体的参数设置将会在后文中详述。在不同的参数配置下，下文将对以下 6 种方案进行性能对比：

对照方案 1：S-wo-A (sensing without abnormal data)，感知数据矩阵为 $\boldsymbol{Y} = \boldsymbol{X} + \boldsymbol{V}$，不包含异常数据。

对照方案 2：S-w-A-wo-D (sensing with abnormal data, without defense)，感知数据矩阵为 $\boldsymbol{Y} = \boldsymbol{X} + \boldsymbol{V} + \boldsymbol{A}$，包含异常数据分量 $\boldsymbol{A}$，但不做任何预处理。

对照方案 3：S-w-A-w-PDF (sensing with abnormal data, with perfect data filtering)，感知数据矩阵为 $\boldsymbol{Y} = \boldsymbol{X} + \boldsymbol{V} + \boldsymbol{A}$，包含异常数据分量 $\boldsymbol{A}$。在此方案中，假设融合中心拥有异常数据状态的理想信息，可以滤除所有的异常数据，然后利用正常数据进行融合，这种方案可以看作是基于数据滤除的所有方案的性能上界。

对照方案 4：S-w-A-w-PSF (sensing with abnormal data, with perfect sensor filtering)，感知数据矩阵为 $\boldsymbol{Y} = \boldsymbol{X} + \boldsymbol{V} + \boldsymbol{A}$，包含异常数据分量 $\boldsymbol{A}$。在此方案中，假设融合中心拥有异常数据节点的理想信息，可以滤除所有提供异常数据的感知节点，然后仅利用总是提供正常数据的节点的数据进行融合，这种方案可以看作是基于节点滤除的所有方案的性能上界。

对照方案 5：S-w-A-w-ISF (sensing with abnormal data, with imperfect sensor filtering)，感知数据矩阵为 $\boldsymbol{Y} = \boldsymbol{X} + \boldsymbol{V} + \boldsymbol{A}$，包含异常数据分量 $\boldsymbol{A}$，不同于对照方案 4。在此方案中，融合中心滤除提供异常数据的感知节点时存在一个错误概率 $P_{\mathrm{e}}^{\mathrm{ID}}$。

所提方案：S-w-A-w-DC (sensing with abnormal data, with data cleansing)，感知数据矩阵为 $\boldsymbol{Y} = \boldsymbol{X} + \boldsymbol{V} + \boldsymbol{A}$，包含异常数据分量 $\boldsymbol{A}$。在此方案中，本章所提算法将被用来首先进行数据净化，然后利用净化后的数据进行融合，如果没有特殊声明，所提方案中数据融合采用基于等增益合并的融合准则。

3.4.2 算法性能分析

1. 不同感知信道环境下的检测性能比较

图 3.5~图 3.8 首先给出不同感知信道环境下上述 6 种方案的全局检测性能对比结果。注意到，在产生图 3.5~图 3.8 的仿真中，感知信道设置中也考虑大尺度路径损耗和噪声的影响，异常节点数的比例设为 $P_{\mathrm{abnormal}} = 0.5$，对于异常节点，式 (3.23) 和式 (3.24) 中涉及的上报概率设为 $\{\alpha^1{=}0.1,\ \alpha^2{=}0.1,\ \alpha^3{=}0.8,\ \beta^1{=}0.1,\ \beta^2{=}0.1,\ \beta^3{=}0.8\}$；对于正常节点，式 (3.23) 和式 (3.24) 中涉及的上报概率设为 $\{\alpha^1{=}0,\ \alpha^2{=}0,\ \alpha^3{=}1,\ \beta^1{=}0,\ \beta^2{=}0,\ \beta^3{=}1\}$，异常数据分量的强度设为 $5N_0$。从图 3.5~图 3.8 中可以看出：

(1) 通过比较方案 S-wo-A 与方案 S-w-A-wo-D，可以看出，在所有感知信道环境下，异常数据的出现会严重损伤传统协同频谱感知的全局检测性能。

(2) 相对于方案 S-wo-A，方案 S-w-A-w-PDF 的性能损伤并不显著，这主要是因为异常数据在整个感知数据矩阵中的比例较小 ($0.5 \times 0.1 = 0.05{=}5\%$)，导致数据分集增益损伤较小；然而，相对于方案 S-wo-A，方案 S-w-A-w-PSF 的性能损伤比较明显，这主要是因为提供异常数据的节点数的比例达到 $0.5{=}50\%$，导致节点分集增益损伤较明显。

(3) 所提方案 S-w-A-w-DC 获得了与理想对照方案 S-w-A-w-PSF 相近的性能 (加性高斯白噪声 (AWGN) 信道下所提方案略优)，这是因为在所提方案中所有感知数据 (正常数据和净化后的异常数据) 均参与融合，获得了满分集增益。然而，注意到方案 S-w-A-w-PSF 在实际中是不现实的, 因为大量节点会偶发地随机产生异常数据, 融合中心不可能把它们理想地鉴别出来。注意到, 即使节点类型 (正常/异常) 鉴别错误概率低至 $P_e^{ID} = 0.05$, 所提方案也明显优于方案 S-w-A-w-ISF。

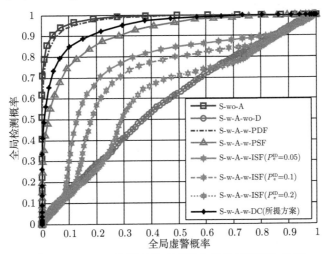

图 3.5　AWGN 信道环境下不同方案的频谱感知性能

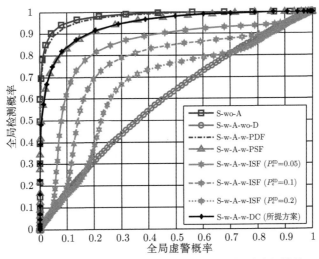

图 3.6　瑞利衰落信道环境下不同方案的频谱感知性能

(4) 方案 S-w-A-w-PSF 和方案 S-w-A-w-ISF 之间的性能差异来自节点类型 (正常/异常) 鉴别错误概率 P_e^{ID}, 这个概率表示 "将正常节点判定为异常节点" 或 "将异常节点判定为正常节点" 的总概率。可以看出, 鉴别错误概率 P_e^{ID} 对方案 S-w-

A-w-ISF 的性能影响是很明显的。

(5) 在各种感知信道环境下,各个方案的性能相对趋势是一致的。因此,在下文的仿真中,主要采用图 3.8 中的信道环境,因为该信道同时考虑了大尺度路径损耗、中尺度阴影和小尺度衰落的影响。

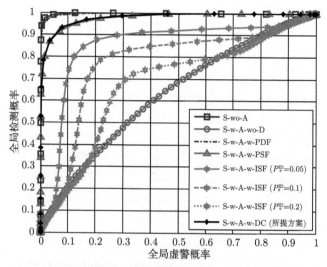

图 3.7 对数正态阴影信道环境下不同方案的频谱感知性能

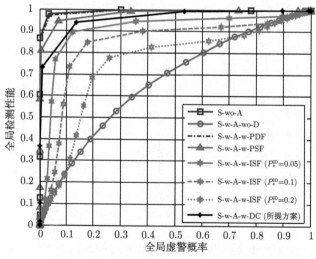

图 3.8 瑞利衰落 + 对数正态阴影信道环境下不同方案的频谱感知性能

2. 不同异常数据比例下的检测性能比较

在整个大小为 $M \times N$ 的感知数据矩阵中，异常数据的比例主要取决于两个因素：异常节点的比例 $P_{abnormal}$ 和异常节点提供的数据中异常数据所占的比例 P^a。图 3.9~图 3.10 和图 3.11~图 3.12 分别考察了上述两个因素对全局检测性能的影响。

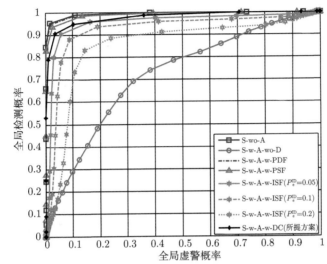

图 3.9　异常节点比例为 $P_{abnormal}=0.2$ 时不同方案的频谱感知性能

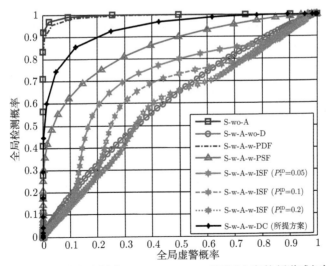

图 3.10　异常节点比例为 $P_{abnormal}=0.8$ 时不同方案的频谱感知性能

注意到，在图 3.9～图 3.10 的仿真设置中，对于异常节点，式 (3.23) 和式 (3.24) 中涉及的上报概率设为 $\{\alpha^1=0.1,\ \alpha^2=0.1,\ \alpha^3=0.8,\ \beta^1=0.1,\ \beta^2=0.1,\ \beta^3=0.8\}$；对于正常节点，式 (3.23) 和式 (3.24) 中涉及的上报概率设为 $\{\alpha^1=0,\ \alpha^2=0,\ \alpha^3=1,\ \beta^1=0,\ \beta^2=0,\ \beta^3=1\}$，异常数据分量的强度设为 $5N_0$。从图 3.9 和图 3.10 中可以看出：

(1) 随着异常节点的比例 P_{abnormal} 的增加，方案 S-w-A-wo-D 的检测性能恶化，这主要是由于更多的异常数据直接参与数据融合。

(2) 方案 S-w-A-w-PSF 的性能随着 P_{abnormal} 的增加而下降，这是因为更多的异常节点被滤除，无法参与数据融合，损伤了节点分集增益。

(3) 在各种 P_{abnormal} 条件下，所提方案 S-w-A-w-DC 优于对照方案 S-w-A-wo-D 和 S-w-A-w-ISF；并且，当 P_{abnormal} 足够大时，所提方案 S-w-A-w-DC 甚至优于对照方案 S-w-A-w-PSF，这是因为在所提方案中所有感知数据 (正常数据和净化后的异常数据) 均参与融合，获得了满分集增益。即所提方案 S-w-A-w-DC 甚至从异常节点的数据中提取了有价值的信息，这主要得益于 "异常节点并不总是提供异常数据" 这一现象。

另一方面，在产生图 3.11～图 3.12 的仿真设置中，异常节点数的比例设为 $P_{\text{abnormal}}=0.5$，对于异常节点，式 (3.23) 和式 (3.24) 中涉及的上报概率设为 $\{\alpha^1=P^a,\ \alpha^2=P^a,\ \alpha^3=1-2P^a,\ \beta^1=P^a,\ \beta^2=P^a,\ \beta^3=1-2P^a\}$；对于正常节点，式 (3.23) 和式 (3.24) 中涉及的上报概率设为 $\{\alpha^1=0,\ \alpha^2=0,\ \alpha^3=1,\ \beta^1=0,\ \beta^2=0,\ \beta^3=1\}$，异常数据分量的强度设为 $5N_0$。通过图 3.11～图 3.12 可以看出：

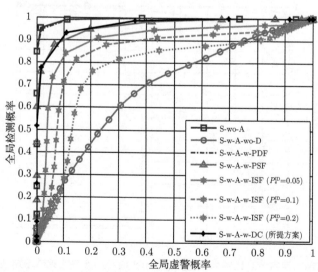

图 3.11　异常数据比例为 $P^a=0.05$ 时不同方案的频谱感知性能

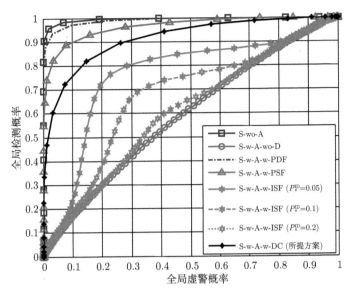

图 3.12　异常数据比例为 P^a=0.20 时不同方案的频谱感知性能

(1) 随着异常节点提供的数据中异常数据所占的比例 P^a 的增加,方案 S-w-A-wo-D, S-w-A-w-PDF, S-w-A-w-ISF 和所提方案 S-w-A-w-DC 的性能都有所降低,这是因为更多异常数据参与数据融合。

(2) 在不同的 P^a 条件下,所提方案 S-w-A-w-DC 优于方案 S-w-A-wo-D 和 S-w-A-w-ISF。

(3) 注意到,参数 P^a 对方案 S-w-A-w-PSF 没有影响,原因在于不同的 P^a 条件下,异常节点的比例保持恒定 P_{abnormal}=0.5,这些异常节点总能够被理想地滤除,不参与数据融合。

3. 不同异常数据强度下的检测性能比较

图 3.13~图 3.14 给出不同异常数据强度下各种方案的检测性能,可以看出:随着异常数据强度的增大,方案 S-w-A-wo-D 和 S-w-A-w-ISF 的性能下降明显,而所提方案 S-w-A-w-DC 的性能变化不明显。注意到,在图 3.13~图 3.14 的仿真设置中,异常节点数的比例设为 P_{abnormal}=0.5,对于异常节点,式 (3.23) 和式 (3.24) 中涉及的上报概率设为 $\{\alpha^1$=0.1, α^2=0.1, α^3=0.8, β^1=0.1, β^2=0.1, β^3=0.8$\}$;对于正常节点,设式 (3.23) 和式 (3.24) 中涉及的上报概率为 $\{\alpha^1 = 0$, $\alpha^2 = 0$, $\alpha^3 = 1$, $\beta^1 = 0$, $\beta^2 = 0$, $\beta^3 = 1\}$。

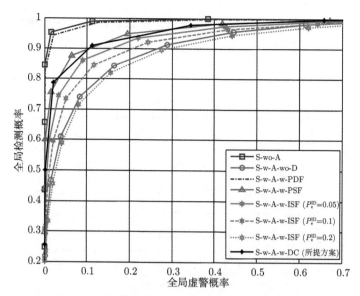

图 3.13　异常数据强度为 N_0 时不同方案的频谱感知性能

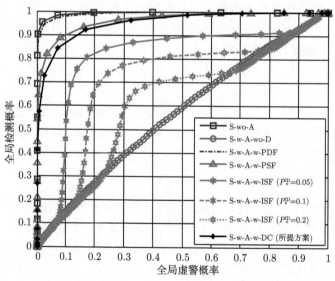

图 3.14　异常数据强度为 $10N_0$ 时不同方案的频谱感知性能

4. 不同融合准则下的检测性能比较

图 3.15 给出不同信道环境下融合准则对方案 S-wo-A 和所提方案 S-w-A-w-DC

的检测性能影响。从图 3.15 可以看出：

(1) 对方案 S-wo-A 来说，各种信道环境下，基于似然比 (likelihood ratio, LR) 的融合准则优于基于等增益合并 EGC 的融合准则，这是由于在没有异常数据的情况下，最优的融合准则是基于似然比 LR 的融合准则[24,137,138]。

(2) 存在异常数据的情况下，所提方案 S-w-A-w-DC 中使用基于似然比 LR 的融合准则不再是最优的，相比而言，不同信道环境下使用基于等增益合并 EGC 的融合准则的稳健性更好一些。

5. 非理想报告信道下的检测性能比较

进一步，图 3.16 给出了非理想报告信道对各种方案的检测性能的影响，报告信道中考虑瑞利衰落 + 高斯噪声 (Rayleigh-fading-plus-Gaussian-noise)，可以看出：相比于图 3.8 中结果，考虑非理想报告信道的图 3.16 中各种方案的性能都有所降低；所提方案获得了与方案 S-w-A-w-PSF 相近的性能，且明显优于方案 S-w-A-w-ISF，即使鉴别错误概率低至 $P_e^{\mathrm{ID}} = 0.05$。

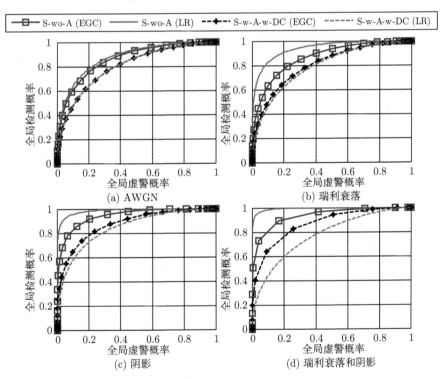

图 3.15　融合准则对感知性能的影响

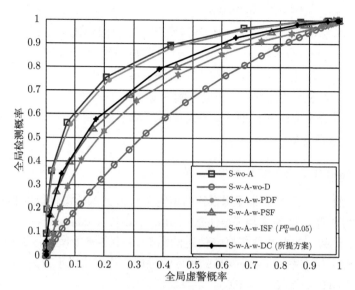

图 3.16　非理想报告信道对感知性能的影响

3.5　本章小结

本章针对时域频谱感知中数据来源不可靠问题，分析了统一的异常频谱数据模型下时域频谱感知的稳健性，提出了面向频谱数据净化的稀疏矩阵统计学习理论方法，主要工作与创新点包括：

（1）提出一种异常感知数据的统一建模方案。该建模方案可以刻画随机数据造假和偶发设备故障的综合效应，可以涵盖现有文献中几乎所有的异常数据模型。

（2）分析异常数据对频谱感知性能的影响，推导出全局虚警概率和全局检测概率的闭合解析式。

（3）从稀疏矩阵统计学习的角度出发，设计基于数据净化的频谱感知算法。该算法的两个优势在于：① 所有的感知数据都被用来进行数据融合，获得多用户分集增益；② 无须先验知识或历史信息，避免了复杂的权值设计。

（4）进行系统全面的仿真验证与分析。结果表明：在不同的异常数据参数配置下，所提算法性能优于现有算法，可以显著地降低异常数据对时域频谱感知性能的影响。

第 4 章　异构的空时频谱数据挖掘

提出一个问题往往比解决一个问题更重要，因为解决问题也许仅是一个数学上或实验上的技能而已，而提出新的问题、新的可能性，从新的角度去看旧的问题，都需要有创造性的想象力，而且标志着科学的真正进步。

—— 爱因斯坦

在上一章研究时域频谱感知的基础上，本章针对空时频谱感知这一主题，研究面向异构频谱数据融合的理论与方法。频谱机会具有空域、时域、频域等多维属性。给定某一无线频段，空域频谱机会对应某一个空间区域，该空间区域内的认知用户远离授权用户，可以实现与授权用户的同频空分复用；时域频谱机会则对应某一段时间间隔，该时间间隔内授权用户信号处于静默或空闲状态，认知用户可以实现与授权用户的同频时分复用。

现有大多数研究主要集中在时域频谱感知 (temporal spectrum sensing) 或空域频谱感知 (spatial spectrum sensing)，往往将两者割裂开来，独立进行研究。时域频谱感知通常被建模为一个二元假设检验问题，即判定授权用户信号存在 ("ON") 或不存在 ("OFF") 的问题[31−33,146]。这些研究表明：通过利用空间分集，多个认知用户合作感知 (cooperative sensing, CS) 可以有效地克服无线信道阴影、衰落、随机噪声等因素的影响，获得比 (单个认知用户) 非合作感知 (non-cooperative sensing, NCS) 更好的性能。针对空域频谱感知，文献 [147] 将其建模为授权用户发射机位置和发射功率的估计问题；文献 [14, 23, 69] 则将其建模为二元假设检验问题，即判定认知用户处于授权用户覆盖区域内或区域外的问题。注意到，在这些关于空域频谱感知的研究中，授权用户信号的状态始终被默认为存在 ("ON")，然而，实际系统中，授权用户信号的状态通常会随其实际业务的变化在 "ON" 和 "OFF" 之间切换。文献 [134, 148-151] 展开了关于空时频谱感知 (spatial-temporal spectrum sensing) 的先驱性研究。其中，文献 [134] 提出了一种联合空时频谱感知方案，其核心思想是通过优化空域融合半径来最小化检测时延；文献 [148] 引入具有固定或可变空间位置的中继 (relay) 来提升时域频谱感知能力；文献 [149] 提出了一种基于概率的空时压缩感知算法来克服宽带频谱感知中的低信噪比问题；文献 [150] 提出了一种空时耦合的频谱感知方案，空域感知用来估计授权用户位置，时域感知用来检测授权用户信号是否存在，空域感知的结果为时域感知中用户选择提供辅助信息，时域感知的结果则用来触发空域感知；为评估空时频谱感知算法的有效性，文献 [151] 提出了统一的空时感知性能指标来刻画频谱感知中 "对授权用户的安全保证" 和 "认知用户可以恢复的频谱机会" 这一对矛盾的折中问题。注意到，这些研究假设所有认知用户处在同构频谱环境下，具有相同的频谱接入机会。然而，实际系统中，这种假设不具备一般性，因为在给定时刻，处于不同空间位置的认知用户可能面临异构的频谱接入机会。

异构频谱环境下的空时频谱感知是一个新的、具有挑战性的研究方向。本质上讲，同构频谱环境下的频谱感知问题往往是分布式检测与数据融合理论[13] 的直接应用与拓展。然而，针对异构频谱环境下的频谱感知问题，现有理论成果中难以找到参考与借鉴，一系列难题仍然没有得到解决。例如，异构频谱环境下空时频谱机会如何建模？频谱机会异构的认知用户之间如何进行合作？异构频谱环境下频谱感知算法的性能如何度量？

针对新的挑战，本章首先从相比于现有研究更一般的网络场景建模入手，来刻画不同认知用户之间频谱机会的异构性。在此基础上，建立了一个新的适用于异构频谱环境的空时频谱机会模型，该模型将传统的检测授权用户信号是否存在的 (时域) 二元假设检验问题拓展为联合检测空域和时域频谱机会的 (空时) 复合假设检验问题。进一步，从联合空时二维检测的角度，设计了用户级和网络级二维检测性能度量指标，在新的指标体系下，重新对比研究了异构频谱环境下现有的合作和非合作频谱感知算法，发现了 "盲目合作不如不合作" 的现象。在此现象启示下，设计了空时二维异构数据融合算法，获得了优越的感知性能。最后，以最大干扰受限的传输功率为准则，提出了基于不完美感知的分布式功率控制方案，可以更加充分地利用灰区和白区的频谱接入机会，有效提升了频谱利用率。

4.1　系　统　模　型

4.1.1　授权用户的频谱占用模型

授权用户信号在时域的频谱占用状态分为存在（"ON"）和不存在（"OFF"）两种。根据文献 [79, 84] 的实测与分析结果，本章中考虑授权用户信号的状态随时间的演化遵循连续时间马尔可夫 ON-OFF 过程 (continuous-time Markov ON-OFF process)。授权用户信号的状态从 "OFF" 到 "ON" 和从 "ON" 到 "OFF" 的转移频率分别用 λ 和 μ 来表示。状态 "ON" 和状态 "OFF" 的持续时间分别用均值为 $1/\mu$ 和 $1/\lambda$ 的指数分布来刻画。如图 4.1(a) 所示，本章考虑一种周期性的频谱感知策略，每个周期包含一个频谱感知时段和一个数据传输时段。频谱感知时段用来进行检测授权用户信号的状态，若检测结果为 "OFF"，则认知用户决定在数据传输时段进行数据传输；否则，认知用户决定在数据传输时段静默。

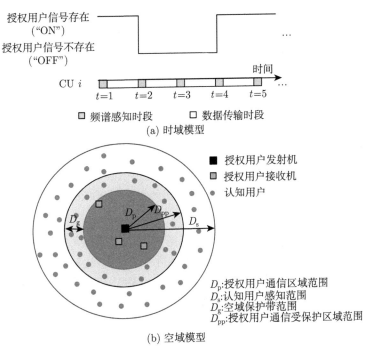

(a) 时域模型

(b) 空域模型

图 4.1　系统模型

4.1.2　认知用户的异构频谱模型

如图 4.1(b) 所示，考虑在一个授权用户发射机的周围的圆盘区域内随机分布着 N 个认知用户，这些用户的空间位置分布遵循泊松点过程 (Poisson point process，PPP)。授权用户发射机拥有一个半径为 D_p 的通信覆盖区域 (图 4.1(b) 中用深灰色表示)，这个区域的范围由授权用户接收机的灵敏度决定。授权用户接收机在该区域内可以正常工作，一旦超出该区域，授权用户接收机会因接收信噪比过低难以保证通信质量。认知用户分布在半径为 D_s 的圆形区域，这个区域的范围由认知用户的检测灵敏度决定。认知用户在该区域内可以以较高概率检测到授权用户信号，一旦超出该区域，认知用户会因检测信噪比过低难以保证检测可靠性。

通常，为了避免对授权用户的有害干扰，认知用户的检测灵敏度要高于授权用户接收机的接收灵敏度[152]，因此，认知用户感知范围 D_s 往往不小于授权用户通信区域范围 D_p。例如，据文献 [151] 报道，针对电视频段的第 39 号信道，若以授权用户 (电视) 接收机灵敏度为指标，美国本土总面积的 47% 区域可以被作为空域频谱机会，然而，若以美国联邦通信委员会 (FCC) 给出的认知用户检测灵敏度 (−114dBm) 为指标，则仅有约 10% 的区域可以被作为空域频谱机会。注意到，如果 $D_\mathrm{s} = D_\mathrm{p}$，所有认知用户都将位于授权用户通信的覆盖区域内，此时，由于潜在的同频工作的授权用户接收机的空间位置不确定，为避免对其有害干扰，认知用户只能利用时域频谱机会，实现与授权用户的同频时分复用。此时，所有认知用户处于同构的频谱环境，具有相同的频谱机会。这是目前大多数文献 (如文献 [31-33, 146] 等) 考虑的场景。如果 $D_\mathrm{s} > D_\mathrm{p}$，那么一部分认知用户将会落在授权用户通信区域之外，这部分认知用户远离授权用户，具有空域频谱机会，可以实现与授权用户的同频空分复用。此时，落在授权用户通信区域内和区域外的认知用户处于异构的频谱环境，具有不同的频谱机会。

注意到，即使某一认知用户处于授权用户通信区域外，它仍然有可能对授权用户的正常通信产生有害干扰，干扰的强度主要是由该认知用户与授权用户的距离以及它自身的发射功率决定。针对该问题，本章引入空域保护带 (spatial guard band, SGB) 的概念，对应图 4.1 (b) 中浅灰色环形区域。该区域的宽度用 D_g 来度量，其取值主要依赖于授权用户接收机的干扰限制和认知用户的峰值发射功率。空域保护带和授权用户通信区域合在一起构成了授权用户通信受保护区域，该区域半径为 $D_\mathrm{pp} = D_\mathrm{p} + D_\mathrm{g}$。在此基础上，若授权用户信号状态为 "ON"，进一步把空域频谱机会分为以下 3 个区：

(1) 黑区 (禁用区)。对应授权用户通信覆盖区，若授权用户信号在工作，处于该区域的认知用户不能在相同的频段上进行数据传输。

(2) 灰区 (功控区)。对应空域保护带 SGB，处于该区域的认知用户可以与授权用户在相同的频段上实现空分复用，但认知用户的发射功率需要进行控制，以避免对授权用户的潜在干扰。

(3) 白区 (复用区)。对应空域保护带 SGB 之外的区域，处于该区域的认知用户可以与授权用户在相同的频段上实现空分复用，功率不再受限，可以达到峰值。

可以看出，处于灰区或白区的认知用户均具有时域和空域频谱接入机会，而处于黑区的认知用户仅具有时域频谱接入机会。本章将首先聚焦在判定每个认知用户是否具有空域频谱机会 (即区分其处于黑区还是处于灰/白区)，然后，基于判定结果进一步设计功率控制方案，从而得到每个认知用户的频谱机会的大小，即最大干扰受限的发射功率 (maximum interference constrained transmit power, MICTP)。

4.2　数学建模与性能分析

4.2.1　空时二维频谱机会建模

本节进行空时二维频谱机会建模。如图 4.2 所示，首先将空时频谱机会映射到一个二维坐标系统。联合空时频谱机会检测可以被看作 O_1(无机会) 和 O_0(有机会) 之间的假设检验问题。现有研究中，灰区机会通常被看作无机会，即属于 O_1。实际中，通过有效的功率控制策略，灰区机会可以被看作有机会，即属于 O_0。

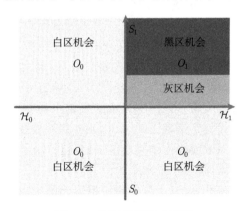

图 4.2　空时频谱机会模型

如图 4.2 所示，传统纯时域频谱机会检测可以被看作左平面 $(\mathcal{H}_0)$ 和右平面

$(\mathcal{H}_1)$ 之间的二元判决，可以建模为如下的二元假设检验[31]：

$$\begin{aligned} \mathcal{H}_0 &: x_i[m] = w_i[m], \\ \mathcal{H}_1 &: x_i[m] = \sqrt{\Pi_i(d_i)}s_i[m] + w_i[m], \end{aligned} \tag{4.1}$$

式中，$\mathcal{H}_0$ 表示授权用户信号不存在（"OFF"）；$\mathcal{H}_1$ 表示授权用户信号存在（"ON"）；$m = 1, 2, \cdots, M$ 表示接收信号样本编号，其中，M 表示一次感知总样本数；$x_i[m]$ 表示第 i 个认知用户接收到的第 m 个信号样本值。$w_i[m] \sim \mathcal{N}(0, \sigma_n^2)$ 表示高斯白噪声信号样本值；$s_i[m]$ 表示归一化的授权用户发射信号强度值；$\Pi_i(d_i)$ 表示第 i 个认知用户接收到的授权用户信号强度：

$$\Pi_i(d_i) = P_t \cdot \phi_i(d_i) \cdot \psi_i \cdot \varphi_i, \tag{4.2}$$

式中，P_t 表示授权用户发射信号强度；d_i 表示第 i 个认知用户与授权用户发射机之间的距离；$\phi_i(d_i)$ 对应大尺度路径损耗系数；ψ_i 对应中等尺度阴影衰落系数；φ_i 对应小尺度瑞利衰落系数。

类似地，传统纯空域频谱机会检测可以被看作上平面 (S_1) 和下平面 (S_0) 之间的 "非黑即白" 二元判决，可以建模为如下的二元假设检验[69]：

$$\begin{aligned} S_0 &: D_{\mathrm{pp}} < d_i \leqslant D_{\mathrm{s}}, \\ S_1 &: 0 \leqslant d_i \leqslant D_{\mathrm{pp}}, \end{aligned} \tag{4.3}$$

式中，S_0 表示第 i 个认知用户位于授权用户受保护区域之外，即处于白区，该认知用户发射功率不受限制。相反，S_1 表示第 i 个认知用户位于授权用户受保护区域之内，即处于黑区，该认知用户不能与正在工作的授权用户同频空分复用[69]。注意到，传统 "非黑即白" 的空域频谱机会定义采取保守的策略，即灰区内认知用户不得进行通信。这个假设导致空域频谱机会的极大浪费。例如，在 IEEE 802.22 无线区域网（WRAN）工作组制定的标准中指出[99,100]，给定 6MHz 的电视信道，认知用户应该具备的感知灵敏度为 -114dBm，而该信道上噪声平均功率为 -95.2dBm，这意味着认知用户需要检测到信噪比低达 -20dB 的微弱授权用户信号。然而，实际上授权用户接收机的灵敏度往往维持在信噪比 0dB 以上，这将对应着一个宽达数百米到数十千米的空域保护带 SGB。

为进一步提升频谱利用率，在下文的频谱机会建模中，首先用授权用户通信区域半径 D_{p} 代替授权用户通信受保护区域半径 D_{pp}，然后在本章的 4.4 节专门设计基于感知的分布式功率控制方案，以实现在满足对授权用户的干扰约束条件下充分挖掘灰区和白区频谱机会。

具体地，从二维或联合建模的角度，本章把空时频谱机会检测建模为如下复合假设检验问题：

$$O_0: x_i[m] = \begin{cases} w_i[m], & \\ \sqrt{\Pi_i(d_i)}s_i[m] + w_i[m], & D_{\mathrm{p}} < d_i \leqslant D_{\mathrm{s}}, \end{cases} \tag{4.4}$$
$$O_1: x_i[m] = \sqrt{\Pi_i(d_i)}s_i[m] + w_i[m], \qquad 0 \leqslant d_i \leqslant D_{\mathrm{p}},$$

式中，$O_0 = \mathcal{H}_0 \cup S_0$ 表示存在可用的空时频谱机会，这可能是由于授权用户信号不存在 $(\mathcal{H}_0)$ 或者该认知用户处于授权用户的通信区域之外 (S_0)。相反，$O_1 = \mathcal{H}_1 \cap S_1$ 表示不存在可用的空时频谱机会，这对应的场景是：授权用户信号存在 $(\mathcal{H}_0)$，且该认知用户处于授权用户的通信区域之内 (S_1)。

4.2.2　二维检测性能指标设计

　　为了指导空时频谱机会的联合检测，本小节设计了用户级和网络级的二维检测性能指标。

　　具体地，对于某个特定的感知周期 t，记第 i 个认知用户进行频谱感知的检验统计量为 $T_i(t)$，判决门限为 α，判决函数为 $\delta_i^{\mathrm{ST}}(\cdot)$，则该用户对应的空时虚警概率和空时检测概率分别定义为

$$P_{f,i}^{\mathrm{ST}}(t) = P\{\delta_i^{\mathrm{ST}}(T_i(t), \alpha) = O_1 \mid O_0\}, \tag{4.5}$$

$$P_{d,i}^{\mathrm{ST}}(t) = P\{\delta_i^{\mathrm{ST}}(T_i(t), \alpha) = O_1 \mid O_1\}. \tag{4.6}$$

此外，空时漏检概率定义为

$$P_{m,i}^{\mathrm{ST}}(t) = 1 - P_{d,i}^{\mathrm{ST}}(t) = P\{\delta_i^{\mathrm{ST}}(T_i(t), \alpha) = O_0 \mid O_1\}. \tag{4.7}$$

　　注释 4.1　实际系统设计时，希望空时虚警概率和空时漏检概率尽可能小，而空时检测概率尽可能大。这是因为，空时虚警的出现将导致认知用户空域/时域频谱接入机会的错失；空时漏检的出现将导致认知用户错误地接入频谱，造成对授权用户的有害干扰。空时检测概率正是保护授权用户的有效指标。

　　定理 4.1　用户级空时虚警概率和空时检测概率的闭合表达式分别为

$$P_{f,i}^{\mathrm{ST}}(t) = \begin{cases} P\{T_i(t) > \alpha \mid \mathcal{H}_0\}, & 0 \leqslant d_i \leqslant D_{\mathrm{p}} \\ P\{T_i(t) > \alpha \mid \mathcal{H}_1\}P_1 + P\{T_i(t) > \alpha \mid \mathcal{H}_0\}(1 - P_1), & D_{\mathrm{p}} < d_i \leqslant D_{\mathrm{s}}, \end{cases}$$
$$\tag{4.8}$$
$$P_{d,i}^{\mathrm{ST}}(t) = P\{T_i(t) > \alpha \mid \mathcal{H}_1\}, \quad 0 \leqslant d_i \leqslant D_{\mathrm{p}}, \tag{4.9}$$

式中，$P_1 = \dfrac{\lambda}{\lambda + \mu}$ 表示授权用户信号存在的概率。

证明 详细证明过程参见 4.6 节。

进一步，从整个认知用户网络的角度来进行性能指标设计，网络级空时虚警概率和网络级空时检测概率分别定义为

$$P_{f,\text{net}}^{\text{ST}} = \frac{1}{|\mathbb{T}||\mathbb{N}|} \sum_{t \in \mathbb{T}} \sum_{i \in \mathbb{N}} P_{f,i}^{\text{ST}}(t), \tag{4.10}$$

$$P_{d,\text{net}}^{\text{ST}} = \frac{1}{|\mathbb{T}||\mathbb{N}_{\text{in}}|} \sum_{t \in \mathbb{T}} \sum_{i \in \mathbb{N}_{\text{in}}} P_{d,i}^{\text{ST}}(t), \tag{4.11}$$

式中，$\mathbb{T}$ 表示连续感知周期的序号集合；$\mathbb{N}$ 表示网络中所有认知用户的集合；$\mathbb{N}_{\text{in}}$ 表示处于授权用户通信区域范围内的认知用户的集合。

注释 4.2 网络级空时虚警概率 $P_{f,\text{net}}^{\text{ST}}$ 与所有认知用户都相关，这是因为虚警可能是由认知用户将 "授权用户信号不存在 $(\mathcal{H}_0)$" 的情况错误地判定 "授权用户信号存在 $(\mathcal{H}_1)$"，也可能是由 "处于授权用户通信区域范围外的认知用户 (S_0)" 错误地判定 "自身处于区域内 (S_1)"。然而，网络级空时检测概率 $P_{d,\text{net}}^{\text{ST}}$ 仅仅与 "处于授权用户通信区域范围内的认知用户 (S_1)" 相关，这是因为 "处于授权用户通信区域范围外的认知用户 (S_0)" 始终存在空域频谱机会。

4.2.3 新的指标体系下传统方案的性能分析

传统地，针对同构频谱环境下纯时域或纯空域频谱感知的现有研究中，一个共性的结论是：通过利用多用户空间分集，合作感知 CS 方案可以获得比非合作感知 NCS 方案更好的检测性能。然而，当考虑异构频谱环境下的空时联合频谱感知时，传统的 CS 和 NCS 之间的性能分析与比较需要重新来考察。

1. 传统非合作感知方案性能分析

传统地，在非合作感知 NCS 方案中，每个用户基于当前周期内收集到的信号能量值来独立地判定是否存在空时频谱机会。具体地，第 i 个认知用户在第 t 个周期内收集到的信号能量值可以表示为[32]

$$E_i(t) = \frac{1}{M} \sum_{m=0}^{M-1} |x_i[m]|^2. \tag{4.12}$$

根据中心极限定理，当样本数 M 足够大时 (通常 $M \gg 10$)，上式中的能量值

$E_i(t)$ 近似地服从如下正态分布[32]：

$$E_i(t) \sim \begin{cases} \mathcal{N}(\mu_0, \sigma_0^2), & \mathcal{H}_0 \\ \mathcal{N}(\mu_1(d_i), \sigma_1^2(d_i)), & \mathcal{H}_1, \end{cases} \tag{4.13}$$

式中，均值和标准差参数取值分别为

$$\mu_0 = \sigma_n^2, \tag{4.14}$$

$$\sigma_0 = \sqrt{2\sigma_n^4/M}, \tag{4.15}$$

$$\mu_1(d_i) = \Pi_i(d_i) + \sigma_n^2, \tag{4.16}$$

$$\sigma_1(d_i) = \sqrt{2(2\Pi_i(d_i) + \sigma_n^2)^2/M}. \tag{4.17}$$

在非合作感知 NCS 方案中，认知用户将每个时隙收集到的信号能量值作为检验统计量，即 $T_i(t) = E_i(t)$。因此，根据式 (4.8)，得到第 i 个认知用户的空时虚警概率如下：

$$P_{f,i}^{\mathrm{ST}}(t) = \begin{cases} Q\left(\dfrac{\alpha - \mu_0}{\sigma_0}\right), & 0 \leqslant d_i \leqslant D_{\mathrm{p}} \\ P_1 Q\left(\dfrac{\alpha - \mu_1(d_i)}{\sigma_1(d_i)}\right) + (1-P_1)Q\left(\dfrac{\alpha - \mu_0}{\sigma_0}\right), & D_{\mathrm{p}} < d_i \leqslant D_{\mathrm{s}}. \end{cases} \tag{4.18}$$

类似地，根据式 (4.9)，得到第 i 个认知用户的空时检测概率如下：

$$P_{d,i}^{\mathrm{ST}}(t) = Q\left(\frac{\alpha - \mu_1(d_i)}{\sigma_1(d_i)}\right), \quad 0 \leqslant d_i \leqslant D_{\mathrm{p}}. \tag{4.19}$$

注释 4.3　基于式 (4.18) 和式 (4.19)，可以看出：当认知用户位于授权用户通信区域内时 ($0 \leqslant d_i \leqslant D_{\mathrm{p}}$)，其空时虚警和检测概率与传统纯时域虚警和检测概率一致。然而，当认知用户位于授权用户通信区域外时 ($D_{\mathrm{p}} < d_i \leqslant D_{\mathrm{s}}$)，式 (4.18) 中空时虚警概率既包含空域虚警部分 $P_1 Q\left(\dfrac{\alpha - \mu_1(d_i)}{\sigma_1(d_i)}\right)$，也包含时域虚警部分 $(1-P_1)Q\left(\dfrac{\alpha - \mu_0}{\sigma_0}\right)$。此处，空域虚警是指处于授权用户通信范围外的认知用户检测到正在工作的授权用户信号；时域虚警则是指授权用户信号不存在时，认知用户错误地判定为存在。

进一步，根据式 (4.10) 和式 (4.11)，得到网络级空时虚警概率和网络级空时检测概率分别如下：

$$P_{f,\mathrm{net}}^{\mathrm{ST}} = \frac{1}{|\mathbb{N}|}\left\{\sum_{i \in \mathbb{N}_{\mathrm{in}}} Q\left(\frac{\alpha - \mu_0}{\sigma_0}\right) + \sum_{i \in \mathbb{N}_{\mathrm{out}}}\left[P_1 Q\left(\frac{\alpha - \mu_1(d_i)}{\sigma_1(d_i)}\right) + (1-P_1)Q\left(\frac{\alpha - \mu_0}{\sigma_0}\right)\right]\right\}, \tag{4.20}$$

$$P_{d,\text{net}}^{\text{ST}} = \frac{1}{|\mathbb{N}_{\text{in}}|} \sum_{i \in \mathbb{N}_{\text{in}}} Q\left(\frac{\alpha - \mu_1(d_i)}{\sigma_1(d_i)}\right), \tag{4.21}$$

式中，$\mathbb{N}_{\text{in}}$ 和 $\mathbb{N}_{\text{out}}$ 分别表示处于授权用户通信区域范围内和范围外的认知用户的集合。

2. 传统合作感知方案性能分析

针对基于软值合并的合作频谱感知，现有研究中常见的合并方案包括：等增益合并 (equal gain combination, EGC)，选择式合并 (selective combination, SC)，最大比合并 (maximum ratio combination, MRC) 和最优合并 (optimal combination, OC)。考虑到 OC 方案涉及非线性运算，计算复杂度高，且不便于解析分析[32]，而MRC 方案的性能在低信噪比条件下接近于 OC [31]，因此，下文中将采用 MRC 方案进行合作感知的性能分析。

具体地，在基于 MRC 的合作感知中，检验统计量为

$$E_{\text{CS}} = \sum_{i=1}^{N} w_i E_i, \tag{4.22}$$

式中，E_i 表示第 i 个认知用户收集的能量值；$w_i = r_i / \sqrt{\sum_{k=1}^{N} r_k^2}$ 表示分配给第 i 个认知用户的权值，r_i 表示第 i 个认知用户的接收信噪比。

由于正态分布的线性组合仍然服从正态分布，因此，式 (4.22) 给出的检验统计量服从如下分布：

$$E_{\text{CS}} \sim \begin{cases} \mathcal{N}(\mu_{\text{CS},0}, \sigma_{\text{CS},0}^2), & \mathcal{H}_0 \\ \mathcal{N}(\mu_{\text{CS},1}, \sigma_{\text{CS},1}^2), & \mathcal{H}_1, \end{cases} \tag{4.23}$$

其中，均值和标准差参数取值分别为

$$\mu_{\text{CS},0} = \sum_{i=1}^{N} w_i \sigma_n^2, \tag{4.24}$$

$$\sigma_{\text{CS},0} = \sqrt{2 \sum_{i=1}^{N} w_i^2 \sigma_n^4 / M}, \tag{4.25}$$

$$\mu_{\text{CS},1} = \sum_{i=1}^{N} w_i (\Pi_i(d_i) + \sigma_n^2), \tag{4.26}$$

$$\sigma_{\text{CS},1} = \sqrt{2 \sum_{i=1}^{N} w_i^2 (2\Pi_i(d_i) + \sigma_n^2)^2 / M} . \tag{4.27}$$

在传统合作感知 CS 方案中, 对于每个感知周期, 式 (4.22) 得到的融合值作为检验统计量, 即 $T_i(t) = E_{cs}$。因此, 根据式 (4.8), 第 i 个认知用户的空时虚警概率如下:

$$P_{f,i}^{ST}(t) = \begin{cases} Q\left(\dfrac{\alpha - \mu_{CS,0}}{\sigma_{CS,0}}\right), & 0 \leqslant d_i \leqslant D_p \\ P_1 Q\left(\dfrac{\alpha - \mu_{CS,1}}{\sigma_{CS,1}}\right) + (1 - P_1)Q\left(\dfrac{\alpha - \mu_{CS,0}}{\sigma_{CS,0}}\right), & D_p < d_i \leqslant D_s. \end{cases} \tag{4.28}$$

类似地, 根据式 (4.9), 得到第 i 个认知用户的空时检测概率如下:

$$P_{d,i}^{ST}(t) = Q\left(\frac{\alpha - \mu_{CS,1}}{\sigma_{CS,1}}\right), \quad 0 \leqslant d_i \leqslant D_p. \tag{4.29}$$

进一步, 根据式 (4.10) 和式 (4.11), 得到网络级空时虚警概率和网络级空时检测概率分别如下:

$$P_{f,net}^{ST} = \frac{1}{|\mathbb{N}|}\left\{\sum_{i \in \mathbb{N}_{in}} Q\left(\frac{\alpha - \mu_{CS,0}}{\sigma_{CS,0}}\right) + \sum_{i \in \mathbb{N}_{out}}\left[P_1 Q\left(\frac{\alpha - \mu_{CS,1}}{\sigma_{CS,1}}\right) + (1 - P_1)Q\left(\frac{\alpha - \mu_{CS,0}}{\sigma_{CS,0}}\right)\right]\right\}, \tag{4.30}$$

$$P_{d,net}^{ST} = \frac{1}{|\mathbb{N}_{in}|}\sum_{i \in \mathbb{N}_{in}} Q\left(\frac{\alpha - \mu_{CS,1}}{\sigma_{CS,1}}\right). \tag{4.31}$$

3. 传统感知方案性能比较

基于上面得到的理论结果, 将分别从用户级和网络级角度出发, 对传统非合作感知 NCS 与合作感知 CS 方案进行对比分析。

用户级性能比较: 从图 4.3(a) 中可以看出, 给定纯时域虚警概率 0.1, 随着认知用户与授权用户的距离增加, 传统非合作感知 NCS 方案中纯时域检测概率降低, 这主要是由接收信噪比的降低造成的。然而, 传统合作感知 CS 方案中纯时域检测概率在距离变化时基本保持不变, 这主要是由于 CS 方案利用了多个认知用户空域分集。另一方面, 从图 4.3(b) 中可以看出, 当认知用户位于授权用户通信区域内时 $(0 \leqslant d_i \leqslant D_p)$, 传统合作感知 CS 方案获得了比传统非合作感知 NCS 方案更高的空时检测概率。然而, 当认知用户位于授权用户通信区域外时 $(D_p < d_i \leqslant D_s)$, 传统合作感知 CS 方案获得了比传统非合作感知 NCS 方案更高的空时虚警概率, 这主要是由于在 CS 方案中, 距离授权用户足够远的认知用户 $(d_i > D_p)$ 的纯时域检测概率被大大提高, 这恰恰导致了严重的空域虚警[56,57]。

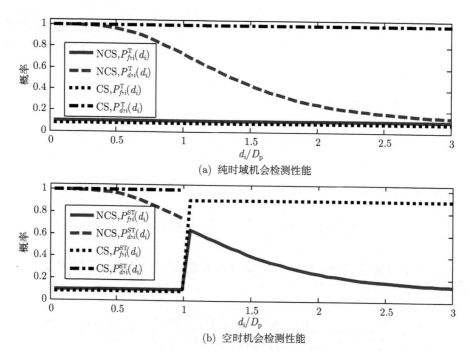

(a) 纯时域机会检测性能

(b) 空时机会检测性能

图 4.3　传统方案用户级检测性能对比 ($P_1=0.9$)

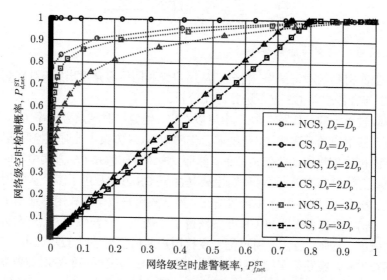

图 4.4　传统方案网络级检测性能对比 ($P_1=0.9$)

网络级性能比较：从图 4.4 中可以看出，当所有认知用户都处于同构频谱环境下时 ($D_s = D_p$)，传统合作感知 CS 方案获得了比传统非合作感知 NCS 方案更好的检测性能 (即给定空时虚警概率，CS 方案的空时检测概率更高)，这与现有研究的结论一致[31–33,146]。然而，当认知用户处于异构频谱环境下时 ($D_s=2D_p$ 或 $D_s=3D_p$)，传统 CS 方案的空时检测性能甚至不如传统 NCS 方案，即出现了 "盲目合作不如不合作" 的现象，该现象的成因主要是由于传统 CS 方案中盲目合作带来了巨大的空域虚警，从而使得在相同空时检测概率的条件下，传统 CS 方案的空时虚警概率大大提高。

进一步，通过观察图 4.3 和图 4.4 可以看出，在异构频谱环境下，传统 CS 方案和传统 NCS 方案的空时检测性能均存在进一步提升的余地。

4.3　异构数据统计学习算法设计

4.3.1　异构空时频谱感知的数据融合思路

在考虑空时二维频谱机会联合检测时，图 4.5 首先给出了一个能量值在空域

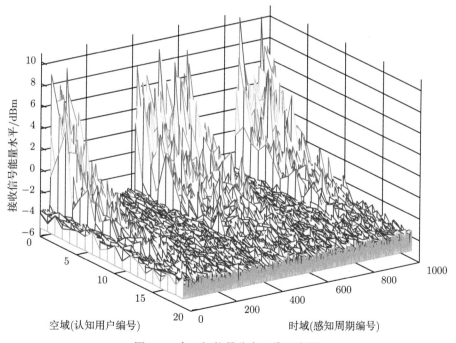

图 4.5　空–时–能量分布三维示意图

和时域的三维分布图。图中显示的是按与授权用户距离的远近依次编号的 20 个认知用户在连续 1000 个感知周期内的接收信号能量水平分布图。从图 4.5 中可以看出：

(1) 时域相关性。一方面，授权用户信号状态的时域演化通常是缓慢变化的，相邻感知周期内的感知结果应该具备较强的相关性；另一方面，由于授权用户信号状态随时间在 "ON" 和 "OFF" 之间转换，历史感知周期的状态与当前周期的状态可能不一致，并且，当前周期的状态与较远历史周期的结果和较近历史周期的结果的相关性也存在差异。因此，有效的感知方案应该能够区分不同历史周期的感知结果与当前周期状态的相关程度。

(2) 空域相关性。给定某一空域分布，不同认知用户的空域频谱机会可能存在差异，然而，相邻认知用户接收到的信号能量强度具有较强的相关性，因此具有相似的空域机会。进一步，对于某个给定的认知用户，其感知结果与较近的邻居的相关性往往更强一些。因此，有效的感知方案应该能够区分不同距离的邻居的感知结果与给定认知用户的相关程度。

4.3.2 空时二维异构数据融合

基于上述设计思路，提出一种同时利用时域和空域相关性的二维感知方案，主要包括以下 3 个步骤。

步骤 1：基于时域相关性的感知数据融合

如图 4.6 所示，每个认知用户融合多个感知周期的结果来获取时域分集增益。考虑到不同周期感知结果与当前周期感知结果的相关性存在差异，这里首先引入一个时域感知窗 $\mathbb{T}_t \triangleq \{t - \Delta + 1, t - \Delta + 2, \cdots, t - 1, t\}$。窗口大小为 $\Delta = \left\lfloor \min\left(\frac{1}{\lambda T_\mathrm{p}}, \frac{1}{\mu T_\mathrm{p}}\right) \right\rfloor$，表示平均意义上授权用户状态维持不变的最小周期数。特别地，对于第 i 个认知用户，第 t 个感知周期的检验统计量可以通过线性融合该时域感知窗内的感知数据得到：

$$\tilde{T}_i(t) = \sum_{k \in \mathbb{T}_t} \phi_{kt} E_i(k), \quad \forall i = 1, \cdots, N, \tag{4.32}$$

式中，$E_i(k)$ 是第 i 个认知用户在第 $k \in \mathbb{T}_t$ 个感知周期接收到的信号能量值，ϕ_{kt} 是其对应的归一化加权系数，定义如下：

$$\phi_{kt} = \frac{\omega_{kt}}{\displaystyle\sum_{st \in \mathbb{T}_t} \omega_{st}}, \tag{4.33}$$

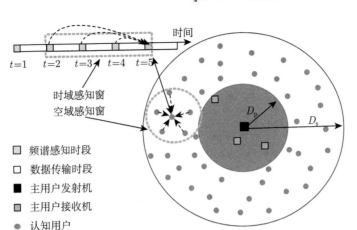

图 4.6　所提空时二维感知方案的示意图

式中，$\omega_{kt} = \mathrm{e}^{-\tau(t-k)}$ 反映第 $k \in \mathbb{T}_t$ 个感知周期接收到的信号能量值 $E_i(k)$ 与当前周期接收到的信号能量值 $E_i(t)$ 之间的时域相关关系。τ 是一个可调的参数，可以通过统计学习[153] 获得。

步骤 2：基于空域相关性的感知数据融合

如图 4.6 所示，在本步骤中，每个认知用户与其邻居认知用户交换式 (4.32) 中得到的时域检验统计量，并进一步将自身的与邻居的时域检验统计量进行融合得到空时二维检验统计量，以获取联合空时分集。为有效度量自身感知结果与不同邻居的感知结果相关性存在的差异，对每个认知用户 i，引入空域感知窗 $\mathbb{N}_i$，该窗口的范围为以第 i 个认知用户为中心、半径为 D_{L} 的圆盘区域。处于该窗口内部的认知用户为第 i 个认知用户的邻居用户，彼此之间可以交互感知结果。

在此基础上，通过下式得到空时检验统计量：

$$T_i(t) = \sum_{j \in \mathbb{N}_i} \varphi_{ij} \tilde{T}_i(t), \quad \forall i = 1, \cdots, N, \tag{4.34}$$

式中，φ_{ij} 表示第 i 个认知用户与其第 j 个邻居的感知结果之间的归一化空域相关系数，定义如下：

$$\varphi_{ij} = \frac{\rho_{ij}}{\sum\limits_{l \in \mathbb{N}_i} \rho_{il}}, \tag{4.35}$$

式中，$\rho_{il}, l \in \mathbb{N}_i$ 反映第 i 个认知用户与其第 j 个邻居的感知结果之间的空域相关性，这里采用 Gudmundson 给出的经典指数相关模型，即有 $\rho_{il} = \mathrm{e}_{il}^{-\theta d}$，其中，$d_{il}$ 表示距离，θ 是一个与环境有关的正常数 (在城市郊区环境下，通常取值为 $\theta = 0.002$[154])。

步骤 3：联合空时机会检测

在本步骤中，对于每个认知用户 i，其空时频谱机会的存在性通过下式进行判定：

$$T_i(t) = \sum_{k \in \mathbb{T}_t} \sum_{j \in \mathbb{N}_i} \varphi_{ij} \phi_{kt} E_i(k) \underset{O_0}{\overset{O_1}{\gtrless}} \alpha, \quad \forall i = 1, \cdots, N. \tag{4.36}$$

注释 4.4　注意到，在传统非合作感知 NCS 方案中，每个认知用户仅根据自身当前周期的感知数据进行判决；在传统合作感知 CS 方案中，每个认知用户融合当前周期所有认知用户的感知数据进行判决；在所提的二维感知方案中，每个认知用户选择性地融合一个空时感知窗内的感知数据。

4.4　分布式功率控制

前文中主要研究了每个认知用户频谱机会的存在性问题，即区分每个认知用户面临的是"黑区机会"，还是"灰区 + 白区机会"。然而，在实际系统中，人们也特别关心每个认知用户面临的频谱机会的大小，即"在满足对授权用户的干扰限制条件下，最大发射功率是多少"。鉴于此，本节研究异构频谱环境下的功率控制问题，进一步区分是"白区机会"，还是"灰区机会"。

4.4.1　基准对照方案

首先介绍 2 种理想的方案作为基准对照功率控制方案。

基准方案 1：在此方案中，机会检测假设是理想的、不存在错误的，并且空域机会采取如式 (4.3) 所示授权用户受保护区半径 D_{pp} 来定义。在该方案下，功率控制可以简单地按如下规则执行：如果存在一个机会，不管是空域机会还是时域机会，认知用户均可以以峰值功率 Π_{peak} 发送；否则，认知用户的发射功率应该设为 0。这种方案可以称作"理想的黑–白功率控制"(ideal black-white power control, Ideal-BW-PC)。

基准方案 2：在此方案中，机会检测同样假设是理想的、不存在错误的，并且，每个认知用户与授权用户发射机之间的距离是已知的。此外，用授权用户通信区域半径 D_{p} 取代授权用户受保护区域半径 D_{pp} 来定义空域频谱机会。因此，如图 4.1 所示，除了白区机会外，处于空域保护带 SGB 的灰区机会也可以进一步被挖掘利用。在此方案下，每个认知用户 i 的最大干扰受限发射功率 MICTP 如下：

$$\Pi_{\text{MICTP},i}^{\text{Loc-BGW}} = \begin{cases} 0, & d_i \leqslant D_{\text{p}}, \mathcal{H}_1 \\ I_{\text{th}}(d_i - D_{\text{p}})^n, & D_{\text{p}} < d_i \leqslant D_{\text{pp}}, \mathcal{H}_1 \\ \Pi_{\text{peak}}, & D_{\text{pp}} < d_i \leqslant D_{\text{s}}, \mathcal{H}_1 \\ \Pi_{\text{peak}}, & \mathcal{H}_0, \end{cases} \tag{4.37}$$

式中，I_{th} 是来自授权用户通信区域边界处的授权用户接收机的干扰门限；n 表示路径损耗指数。此方案可以称作 "基于理想定位的黑-灰-白功率控制"(ideal localization-based black-grey-white power control, Ideal-Loc-BGW-PC)。注意到，文献 [147] 中给出了一种基于非理想定位的相似方案。此处，Ideal-Loc-BGW-PC 可看作文献 [147] 中提出的方案的性能上界。

实际中，人们往往追求频谱利用率最大化，希望在没有授权用户位置先验信息的前提下充分挖掘灰区和白区频谱机会。实现该目标具有如下技术挑战：

一方面，在仅仅获得不完美频谱机会检测结果 (存在虚警和漏检) 的情况下，需要满足来自授权用户接收机的严格的干扰门限。

另一方面，不同认知用户面临的频谱机会往往是不同的，即使 2 个同样具有机会的认知用户，其机会的大小 (即最大干扰受限发射功率 MICTP) 也往往是不同的。

4.4.2　基于不完美感知的分布式功率控制算法

针对上述技术挑战，提出一种 "基于二维感知的黑-灰-白功率控制"(two dimensional sensing-based black-grey-white power control, TDS-BGW-PC) 方案。

在此方案中，首先通过 4.3.2 节提出的二维感知方案获得频谱感知结果。然后，如图 4.7 所示，每个认知用户利用自身和邻居认知用户的感知结果来计算自身的最大干扰受限发射功率 MICTP。注意到，此处每个认知用户 i 的邻居区域是指以该认知用户 i 为中心，以 $D_{\text{g}} = (\Pi_{\text{peak}}/I_{\text{th}})^{1/n}$ 为半径的圆盘区域。落在该区域内的认知用户是认知用户 i 的邻居。

特别地，如图 4.7 所示，对于任意认知用户 i，若其自身判定结果为 O_1(不存在机会)，则其最大干扰受限发射功率 MICTP 为 $\Pi_{\text{MICTP},i}^{\text{Sen-BGW}} = 0$；如果自身判定结果为 O_0(存在机会)，则需要进一步考察其邻居的判决结果。当认知用户 i 和它的所有邻居的判定结果均为 O_0 时，那么意味着很有可能授权用户信号的状态为不存在或者认知用户 i 处于空域保护带 SGB 之外，此时 $\Pi_{\text{MICTP},i}^{\text{Sen-BGW}} = \Pi_{\text{peak}}$。然而，认知用户 i 的部分邻居的判决结果为 O_0，部分邻居判决为 O_1 时，认知用户 i 很有可能处于空域保护带 SGB 之内，此时，定义一个激进的 MICTP 为 $\Pi_{\text{MICTP},i}^{\text{agg}}$，一

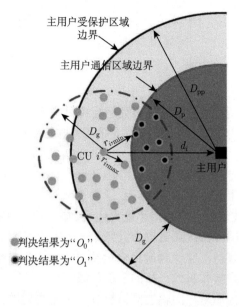

图 4.7　基于感知的分布式功率控制方案示意图

个保守的 MICTP 为 $\Pi_{\mathrm{MICTP},i}^{\mathrm{con}}$。激进的 MICTP 可以通过下式计算：

$$\Pi_{\mathrm{MICTP},i}^{\mathrm{agg}} = I_{\mathrm{th}}(r_{i,\min})^n, \tag{4.38}$$

式中，$r_{i,\min}$ 表示认知用户 i 和判决结果为 O_1 的邻居中最近的那个之间的距离。

　　保守的 MICTP 可以通过下式计算：

$$\Pi_{\mathrm{MICTP},i}^{\mathrm{con}} = I_{\mathrm{th}}(r_{i,\max})^n, \tag{4.39}$$

式中，$r_{i,\max}$ 表示认知用户 i 和判决结果为 O_0、距离小于 $r_{i,\min}$ 的邻居当中最远的那个之间的距离。

　　实际中，可以采取如下策略来实现激进的 MICTP 和保守的 MICTP 之间的折中：

$$\Pi_{\mathrm{MICTP},i}^{\mathrm{Sen-BGW}} = (\Pi_{\mathrm{MICTP},i}^{\mathrm{agg}} + \Pi_{\mathrm{MICTP},i}^{\mathrm{con}})/2. \tag{4.40}$$

注释 4.5　　注意到，上述方案的设计过程中带有启发式性质，提供了一种基于不完美感知的功率控制思路，存在进一步优化的空间。另外，上文关注的焦点在于网络中每个认知用户可以使用的最大干扰受限发射功率 MICTP，下文仿真分析中将以它们的平均值作为网络性能指标。在此基础上，可以设计具体的多用户资源调度、竞争或协商协议来优化配置网络资源，相关研究可参考文献 [155, 156]。

4.5　结果与分析

4.5.1　仿真参数设置

以下仿真以电视 TV 频段为例，考虑授权用户发射机为无线麦克风，授权用户发射功率为 25mW，频带带宽为 200kHz，每个感知周期为 100ms，其中感知时段为 10ms，数据传输时段为 90ms。噪声功率谱密度为 -174dBm/Hz，接收机噪声图 (receiver noise figure) 为 11dB。路径衰落指数设为 4，平均瑞利衰落增益设为 1。授权用户通信区域半径为 1.58km，边界处平均接收信号强度为 -114dBm，对应信噪比约为 -4dB。时域和空域感知窗参数分别设置为 $\tau=2.5$，$\theta=0.002$。授权用户通信区域边界处的授权用户接收机的干扰门限设置为 $I_{th}=-120$dBm。如果没有进一步说明的话，授权用户信号存在的概率为 $P_1=0.9$，授权用户信号的状态转移参数分别为 $\lambda=9\times10^{-4}$ 次/ms，$\mu=10^{-4}$ 次/ms。在空域分布上，认知用户的密度为 $\rho=2/\text{km}^2$。以下蒙特卡罗仿真中，结果反映的是 500 次随机拓扑实现的平均水平。

4.5.2　算法性能分析

1. 频谱机会检测性能分析

在本小节中，对以下 6 种频谱感知方案的检测性能进行比较：

对比方案 1：传统非合作感知 (non-cooperative sensing, NCS)，每个认知用户仅根据自身当前周期的感知数据进行判决。

对比方案 2：利用时域相关性的非合作感知 (temporal correlation-concerned non-cooperative sensing, TC-NCS)，每个认知用户融合时域感知窗内的感知数据进行判决。

对比方案 3：传统合作感知 (cooperative sensing, CS)，每个认知用户融合当期周期所有认知用户的感知数据进行判决。

对比方案 4：利用时域相关性的合作感知 (temporal correlation-concerned cooperative sensing, TC-CS)，每个认知用户融合时域感知窗内的所有认知用户的感知数据进行判决。

对比方案 5：利用空域相关性的局部合作感知 (spatial correlation-concerned local cooperative sensing, SC-LS)，每个认知用户融合空域感知窗内的感知数据进行判决。

所提方案：二维感知 (two-dimensional sensing, TDS)，每个认知用户融合一个空时感知窗内的感知数据。

以接收机工作特性 (receiver operating characteristic, ROC) 曲线为度量指标，图 4.8 和图 4.9 分别给出同构和异构频谱环境下以上 6 种感知方案的性能对比结果。

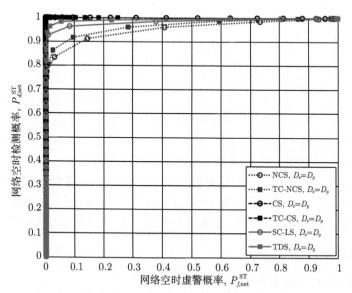

图 4.8 频谱同构环境下检测性能比较 (P_1=0.9)

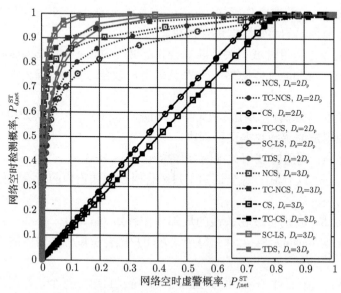

图 4.9 频谱异构环境下检测性能比较 (P_1=0.9)

从图 4.8 中可以看出:当所有认知用户处于同构频谱环境时 $(D_s = D_p)$, 本章所提的 TDS 方案检测性能与传统 CS 方案相近, 优于传统的 NCS 方案。然而, 从图 4.9 中可以看出:当认知用户处于异构频谱环境时 $(D_s=2D_p$ 或 $D_s=3D_p)$, 本章所提的 TDS 方案检测性能优于传统 CS 方案和 NCS 方案。此外, 通过图 4.8 和图 4.9 还可以看出:TC-CS 获得了与传统 CS 方案几乎一致的检测性能, TC-NCS 的检测性能优于 NCS, TDS 的检测性能优于 SC-LS。这个现象说明时域相关性有助于进一步提升检测性能。

图 4.10 显示的是异构频谱环境下 $(D_s=3D_p)$ 授权用户信号的存在概率 P_1 对各种感知方案检测性能的影响。可以看出:对所有方案来讲, 授权用户信号的存在概率 P_1 越小, 空时检测性能越好 (即给定空时检测概率, 空时虚警概率越小), 这主要是由空域虚警随 P_1 变小而降低所致。另外, 可以看到, 在不同的授权用户活跃程度下, 所提 TDS 方案性能均优于传统的 CS 和 NCS 方案。

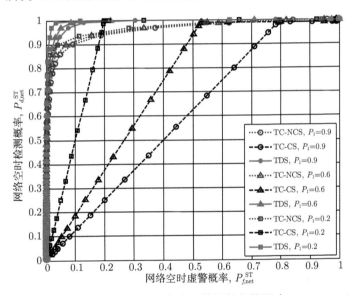

图 4.10 授权用户信号的存在概率对检测性能的影响 $(D_s = 3D_p)$

2. 网络平均 MICTP 性能分析

通过仿真, 比较不同功率控制方案下网络平均 MICTP $\bar{\Pi}_{\text{MICTP}}^{\text{net}}$ 与认知用户峰值发射功率的关系。针对异构频谱场景 $(D_s=3D_p)$, 从图 4.11 中可以看出:

(1) 随着认知用户峰值功率 Π_{peak} 的增加, 基准方案 Ideal-BW-PC 的网络平均 MICTP $\bar{\Pi}_{\text{MICTP}}^{\text{net}}$ 呈现先增大后减小的变化趋势, "先增大" 的原因在于授权用户受保护区域之外的认知用户的 MICTP 随 Π_{peak} 增大而增大,"后减小"的原因在于空域保护带 SGB 随 Π_{peak} 的增大而增大。由于该方案只能利用白区机会,空域保护带 SGB 的增大会导致越来越多的认知用户落入该区域,不再具有空域频谱机会。

(2) 随着峰值功率 Π_{peak} 的增加,基准方案 Ideal-Loc-BGW-PC 的网络平均 MICTP $\bar{\Pi}_{MICTP}^{net}$ 呈现不断增长的趋势,这是由于该方案充分地挖掘灰区 + 白区机会。

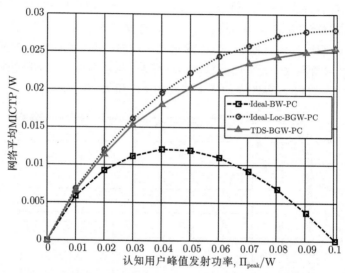

图 4.11 网络平均 MICTP 与认知用户峰值发射功率的关系

(3) 在各种认知用户峰值功率 Π_{peak} 参数下,所提黑–灰–白三区频谱机会利用方案 TDS-BGW-PC 总是优于 "非黑即白" 的基准方案 1 Ideal-BW-PC,这主要是由于所提方案可以利用灰区 + 白区机会,而 Ideal-BW-PC 仅利用白区机会。同时可以看到,所提方案 TDS-BGW-PC 略差于基准方案 2 Ideal-Loc-BGW-PC,这主要是由于所提方案是基于不完美感知结果,不需要理想的授权用户位置先验信息,在实际系统中更加容易被广泛采用。

4.6 空时虚警和检测概率推导

定理 4.1 中式 (4.8) 和式 (4.9) 的详细推导过程如下所述。

首先，根据式 (4.5) 中给出的定义，利用条件概率和全概率公式，可得

$$
\begin{aligned}
P_{f,i}^{\mathrm{ST}}(t) &= P\{\delta_i^{\mathrm{ST}}(T_i(t),\alpha) = O_1 \mid O_0\} \\
&= P\{T_i(t) > \alpha \mid O_0\} \\
&= \frac{P\{O_0 \mid T_i(t) > \alpha\}P\{T_i(t) > \alpha\}}{P(O_0)} \\
&= \frac{\{1 - P\{O_1 \mid T_i(t) > \alpha\}\}P\{T_i(t) > \alpha\}}{1 - P(O_1)} \\
&= \frac{P\{T_i(t) > \alpha\} - P\{T_i(t) > \alpha \mid O_1\}P(O_1)}{1 - P(O_1)} \\
&= \frac{1}{1 - P(\mathcal{H}_1, S_i = S_1)}\{P\{T_i(t) > \alpha \mid \mathcal{H}_1\}P(\mathcal{H}_1) + P\{T_i(t) > \alpha \mid \mathcal{H}_0\}P(\mathcal{H}_0) \\
&\quad - P\{T_i(t) > \alpha \mid \mathcal{H}_1, S_i = S_1\}P(\mathcal{H}_1, S_i = S_1)\}.
\end{aligned}
\tag{4.41}
$$

考虑到 $\mathcal{H}_1$ 和 $S_i = S_1$ 是相互独立的事件，进一步可得

$$
P(\mathcal{H}_1, S_i = S_1) =
\begin{cases}
P(\mathcal{H}_1), & S_i = S_1 \\
0, & S_i = S_0,
\end{cases}
\tag{4.42}
$$

其中，$S_i = S_1$ 和 $S_i = S_0$ 是互补的事件，因此可得

$$
P_{f,i}^{\mathrm{ST}} =
\begin{cases}
P\{T_i(t) > \alpha \mid \mathcal{H}_0\}, & S_i = S_1 \\
P\{T_i(t) > \alpha \mid \mathcal{H}_1\}P_1 + P\{T_i(t) > \alpha \mid \mathcal{H}_0\}(1 - P_1), & S_i = S_0.
\end{cases}
\tag{4.43}
$$

类似地，根据式 (4.6) 中给出的定义，可得

$$
\begin{aligned}
P_{d,i}^{\mathrm{ST}} &= P\{\delta_i^{\mathrm{ST}}(T_i(t),\alpha) = O_1 \mid O_1\} \\
&= P\{T_i(t) > \alpha \mid O_1\} \\
&= P\{T_i(t) > \alpha \mid \mathcal{H}_1, S_i = S_1\} \\
&= \frac{P\{T_i(t) > \alpha, \mathcal{H}_1, S_i = S_1\}}{P\{\mathcal{H}_1, S_i = S_1\}} \\
&= P\{T_i(t) > \alpha \mid \mathcal{H}_1\}, \quad S_i = S_1.
\end{aligned}
\tag{4.44}
$$

至此，定理 4.1 得证。

4.7　本章小结

本章针对异构频谱环境下空时频谱机会的可靠检测问题，提出了面向异构频谱数据融合的统计学习理论与方法，主要工作和创新点包括：

(1) 从二维建模的角度出发，给出了空时频谱机会的新定义，突破了传统的"非黑即白"频谱机会模型，建立了"黑–灰–白"三区频谱机会的数学模型。

(2) 分别设计新的用户级和网络级空时二维检测性能度量指标，并推导出空时检测概率和空时虚警概率的性能闭合表达式；在此指标体系下，发现了异构频谱环境下传统检测方法存在的"盲目合作不如不合作"现象。

(3) 提出基于联合空时合作窗的异构数据统计学习算法，仿真结果表明：在同构频谱环境下，所提算法获得与最优合作感知相近的性能；在异构频谱环境下，所提算法优于现有算法。

(4) 以最大干扰受限的传输功率为准则，进一步提出基于不完美感知的分布式功率控制方案，仿真结果表明：所提方案可以更加充分地利用灰区和白区的频谱接入机会，有效提升了频谱资源的利用率。

第 5 章 多维的主动频谱数据挖掘

追上未来，抓住它的本质，把未来转变为现在。

—— 车尔尼雪夫斯基

频谱感知、频谱数据库和频谱预测是电磁频谱数据挖掘三种互补性很强的技术。频谱感知是通过各种信号估计与检测算法来判定当前时刻的频谱状态[17,19]。频谱数据库是通过结合地理信息和信号传播模型来判定当前时刻频谱状态的方式。不同的是，频谱预测，通过挖掘利用 (不同时隙、不同频段、不同空间位置的) 频谱状态之间的关联关系，可以实现由已知频谱数据来推断未知频谱状态[77]。现有文献中给出了频谱预测的各种应用，例如降低自适应频谱感知中感知时间和能量消耗[74]、通过预测性频谱移动减少未授权用户与授权用户之间的互干扰时间[157]、通过预测性频谱接入可以提升系统的吞吐量[75] 等。在上述应用驱动下，频谱预测相关理论和方法逐渐引起研究者的关注，2.3.2 节给出了相关研究的详细综述。特别地，本章研究致力于为下述开放性问题提供解决思路。

1) 频谱状态演化可预测性的问题

频谱状态演化在多大程度上可以被准确地预测？众所周知，对于随机掷硬币这样的事件，假设每次掷出正面和反面的概率均为 0.5，如果猜测下一次掷出的是正面还是反面，任何高效的预测算法的可预测性 (预测准确率) 往往也只能维持在 0.5 左右。类似地，实际中不同无线频段的频谱可预测性往往存在显著差异，现有研究在追求高精度的频谱预测算法的同时忽略了对频谱状态演化可预测性的基础理论研究。类似于香农容量定理给出了各种具体调制方案和编码算法可以达到的容量上界一样，频谱可预测性研究指明了具体频谱预测算法的性能上界。

2) 多维联合频谱预测的问题

频谱状态维度的增加意味着网络可以对频谱环境具有更加全面的认识，有利于进一步提升频谱利用率。如果把频谱状态数据看作一个矩阵的话，矩阵的行和列分别对应频率和时隙，那么现有大多数研究集中在单维 (时域) 频谱预测，即利用不同时隙之间的频谱状态相关性来推断频谱未来的演化趋势。频谱状态在不同时隙、不同频段、不同空间位置的关联关系普遍存在性启示人们逐步从单维频谱预测拓展至联合空–时、联合空–频、联合时–频二维甚至联合时–频–空频谱预测，处理数据的维度和方法将逐步升级，从一维矢量 (vector) 拓展到二维矩阵 (matrix)，再到三维或高维数据立方体 (tensor)。

3) 训练样本不完整、不可靠的问题

频谱预测算法通常包含样本训练和测试应用两个环节，样本训练阶段主要用来确定算法的参数设置，是测试应用阶段算法运行可靠高效的基础。现有大部分研究假设训练样本是理想的、完备的，然而，考虑到维度升高带来的数据采集、存储、处理方面的开销，数据采集设备误差带来的不确定性以及无线环境开放性等，稀疏容错样本条件下的频谱预测方法研究日益显得迫切和重要，如何基于稀疏容错样本来推理多维频谱状态是一个极具挑战性的方向。

5.1 实测频谱数据的统计处理

5.1.1 实测频谱数据集描述

为了使本章的研究可以被其他研究者验证，采用一个来自德国亚琛工业大学无线网络系 (Department of Wireless Networks, RWTH Aachen University) 的开源实测频谱数据集[73]，该实测频谱数据集包含了从 20MHz 到 6GHz 的所有频段连续不间断测量时间持续超过 1 周的数据。考虑到数据集的规模之大 (100GB 以上)，下文主要以与大众生活密切相关的几个频段为例进行分析，具体包括 TV 频段 (614～698 MHz)、ISM 频段 (2400.1～2483.3MHz)、GSM1800 上行频段 (1710.2～1784.8MHz) 和 GSM1800 下行频段 (1820.2～1875.4MHz)。每个独立频点的带宽为 200kHz，时间分辨率为 3min①。因此，对于每个频点来讲，1 周的测量总样本数为

$$7(\text{d}/\text{周}) \times 24(\text{h}/\text{d}) \times \frac{60(\text{min}/\text{h})}{3(\text{min}/\text{样本})} = 3360(\text{样本}/\text{周}) \tag{5.1}$$

---

① 原始数据集中样本时间分辨率为 1.8s，因此，对于每个频点来讲，1 周的测量总样本数将为 336000，考虑到每个业务频段的频点数为数百个，当下普通计算机的内存和计算能力往往难以满足处理需求。为方便分析处理，本章将原始数据集中连续 100 个样本进行平均来产生新的数据样本。

5.1.2　频谱数据统计预处理

图 5.1 给出不同业务频段上实测频谱数据一周的状态演化轨迹。此处的频谱数据指的是接收信号功率谱密度 (power spectral density, PSD)。从图 5.1 可以看出：

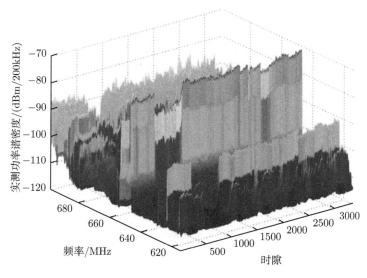

(a) TV

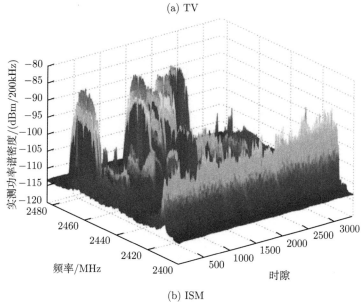

(b) ISM

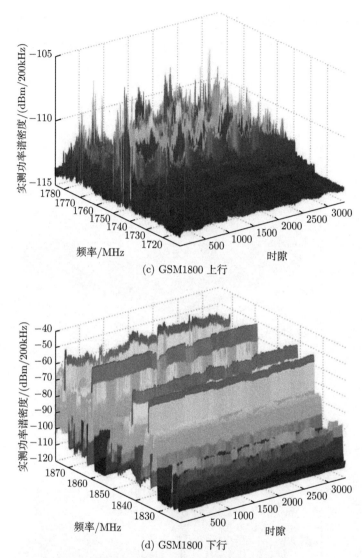

(c) GSM1800 上行

(d) GSM1800 下行

图 5.1　不同业务频段上实测频谱数据的一周演化轨迹 (见彩图)

(1) 不同业务频段上的频谱状态演化趋势差别很大, 但它们具有一个共性特征: 在各个业务频段上, 频谱状态演化的随机性与规则性共存。

(2) 在部分 TV 频段和 GSM1800 下行频段上可以观察到非常强的信号, 并且, 相比于 ISM 频段和 GSM1800 上行频段, 这些频段上的频谱状态演化趋势直观上更加规则一些。

(3) 在 ISM 频段和 GSM1800 上/下行频段可以观察到明显的潮汐效应，即白天的业务量比晚上的业务量更大[①]，反映在图片上表现为白天接收的信号更强。

(4) 对于每种业务，不同频点上的负载分布存在差异，某些频点上业务负载很重，某些频点上业务负载则较轻。

为了进一步刻画不同频段上各个频点的业务负载分布情况，图 5.2 中给出了两个典型阈值下的占空比 (duty cycle) 结果。其中，阈值 −107dBm/200kHz 最开始是由 IEEE 802.22 标准工作组提出的，用以判定带宽为 200kHz 的电视频段上是否存在无线麦克风信号，另外一个更加保守的阈值 −114dBm/200kHz 则是 FCC 最终采用的[73]。从图 5.2 可以看出，判决阈值对占空比的影响甚大，在阈值 −114dBm/200kHz 条件下，几乎所有的 ISM 频点和 GSM1800 下行频点都处于接近满负荷工作状态；相反，如果采取相对宽松的阈值 −107dBm/200kHz，所有业务

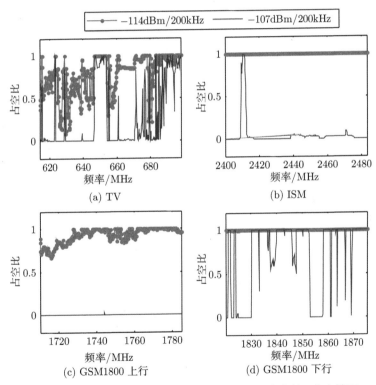

图 5.2　不同业务频段上各个频点的业务负载 (占空比) 分布情况

[①] 每个频点上每天的数据样本为 3360/7=480 个。

频段上均存在负载较低的频点。

现有大多数工作均是集中在研究二进制频谱状态的，即将原始频谱数据 PSD 与给定的阈值比较，若大于阈值，则判定为 ON；反之，则判定为 OFF。考虑到图 5.2 中显示的二进制频谱数据受阈值的选取影响甚大，基于阈值的判决将不可避免地引入检测错误 (如虚警、漏检等)。因此，下文中将直接研究原始频谱数据 PSD 随时间的演化情况。

5.2　实测频谱数据的特性分析

5.2.1　实测频谱数据的可预测性

本小节将首先考察各个 200kHz 的频点上的可预测性 (predictability) 情况，然后从统计的角度来考察整个业务频段上所有频点的可预测性分布情况。

对于某一给定的频点，令随机变量 X_i 表示该频点在第 i 个时隙上的频谱状态数据。则该频点上从第 1 个时隙到第 n 个时隙的频谱状态数据可以表示为随机变量序列 $X_1, X_2, \cdots, X_n$。熵 (entropy) 是刻画随机变量序列可预测性程度最基础的理论工具。通常，拥有比较小熵值的序列的可预测性会比较高。近年来，熵分析被广泛应用于各个领域，如天气预报、金融趋势预测、网络流量预测和人类活动预测等。其共同出发点在于熵从数学上提供了一个度量待预测信息内容的准确定义，且对研究场景的模型假设最少，通用性很强。

为方便下文分析，首先将原始频谱数据进行 Q 级量化。令 $S = \{X_1, X_2, \cdots, X_n\}$ 表示连续 n 个时隙的频谱状态数据序列，通常有如下三种熵指标可以用来度量频谱演化的动态：

(1) 随机熵 $E^{\mathrm{rand}} = \log_2 Q$，可以用来刻画给定频点的频谱状态演化可预测性，隐含假设是量化后的各级频谱数据在各个时隙出现的概率相同。

(2) 时域不相关熵 $E^{\mathrm{unc}} = -\sum_{j=1}^{Q} p_j \log_2 p_j$，其中 p_j 表示量化后的序列 S 中第 j 级频谱数据出现的概率，E^{unc} 又名香农熵或经典的信息论熵，是目前应用最广的熵指标，可以刻画频谱状态演化中 (各级量化频谱数据) 的异构性，但是没有考虑不同时隙数据之间的关联关系。

(3) 真实序列熵 $E^{\mathrm{actual}} = -\sum_{S_i \subset S} P(S_i) \log_2 P(S_i)$，其中 $P(S_i)$ 表示一个特定的子序列 S_i 在整个序列 S 中出现的频率。因此，E^{actual} 不仅考虑了每级频谱数据出现的频率，而且考虑了不同时隙数据之间的关联关系，能够更好地刻画给定频点上频谱状态演化。

直观上，存在如下关系 $0 \leqslant E^{\text{actual}} \leqslant E^{\text{unc}} \leqslant E^{\text{rand}}$。通过分析不同业务频段上各个频点的熵分布情况，图 5.3 中的结果验证了上述结果的正确性。通过极端情况分析也可以理解上述结果的物理意义。一个极端情况是：如果某个频点的真实熵满足 $E^{\text{actual}}=0$，则意味着该频点上的频谱状态演化是完全规则的，不存在任何随机性。另一个极端情况是，如果某个频点的真实熵满足 $E^{\text{actual}} = E^{\text{rand}} = \log_2 Q$，则意味着该频点的频谱状态演化是十分随机的，各个状态出现的概率相同，且各个时隙状态之间相互独立，在此极端情况下，任何高效的频谱预测算法的统计准确率都难以超过 $1/Q$。

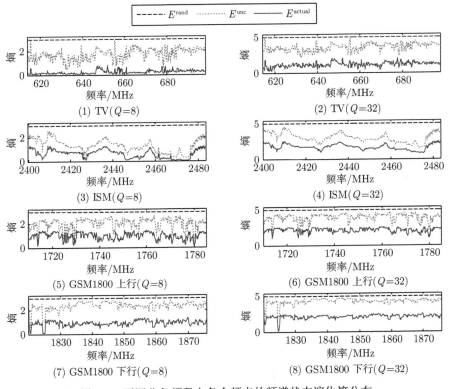

图 5.3　不同业务频段上各个频点的频谱状态演化熵分布

从图 5.3 中可以看出：

(1) 所有频点的真实熵都处于上述两个极端情况 (0 和 E^{rand}) 之间，这意味着每个频点的频谱状态演化不仅存在随机性，也存在规则性。正是规则性的存在，才使得有实际价值的频谱预测成为可能。

(2) 进一步对比不同量化级数 (Q=8 和 Q=32) 下的结果可以看出，一方面量化级数越大，熵的取值范围越大；另一方面不同量化级数下相同业务各个频点的熵值的相对趋势相近。

(3) 同一业务下各个频点的熵值存在显著区别；不同业务之间对比，TV 频段的熵值普遍相对较小。

基于上文熵分析的结果，下面进一步分析频谱可预测性 (predictablity)，即在给定某一频点历史数据的情况下，预测下一时隙该频点可能出现的频谱状态可以获得的准确程度或正确概率 Π。

定理 5.1　对于任意一个频谱状态数为 Q、真实熵为 E^{actual} 的频点，其状态演化可预测性满足 $\Pi \leqslant \Pi^{\max}$，其中上界 $\Pi^{\max}$ 由下式决定：

$$E^{\text{actual}} = -[\Pi^{\max} \log_2 \Pi^{\max} + (1-\Pi^{\max}) \log_2(1-\Pi^{\max})] + (1-\Pi^{\max}) \log_2(Q-1). \quad (5.2)$$

定理 5.1 的结果主要基于法诺不等式[158]，其详细证明过程参见 5.6 节。

基于上述定理，对于任一频点，在给定量化级数 Q 和真实熵 E^{actual} 的情况下，可以通过数值求解的方法从式 (5.2) 中获得该频点上频谱状态演化的可预测性上界 $\Pi^{\max}$。图 5.4 给出不同业务频段上各个 (200kHz) 频点频谱状态演化的可预测性上界分布情况，可以看出：

(1) 不同业务频段上不同频点频谱状态演化的可预测性上界存在显著差别。例如，在量化级数 Q=8 时，各种业务频段都存在部分频点的可预测性大于 0.9，这意味着平均意义上，这些频点上只有不到 10% 时隙的频谱状态是随机难以预测的，剩余 90% 的时隙的频谱状态是可以被准确预测的。另一方面，许多频点 (特别是 GSM1900 上行) 的频谱状态演化的可预测性仅为 0.76，这意味着即使高效的预测算法的预测准确率也难以超过 76%。

(2) 相比于量化级数为 Q=32 的情况，Q=8 时各个业务的各个频点上的可预测性相对更高一些。这个结果的合理性在于，量化级数 Q 越大，预测下一个时隙的频谱状态可选项数也就越多，不确定性越大。

(3) 作为对比，图 5.4 中也给出各个时隙独立同分布的高斯白噪声数据 (i.i.d. Guassian noise data) 的可预测性情况，可以看出，所有业务频段的大多数频点的可预测性上界明显大于高斯白噪声的情况，这进一步印证了频谱状态演化的时域相关性或规则性将使得频谱预测有意义。

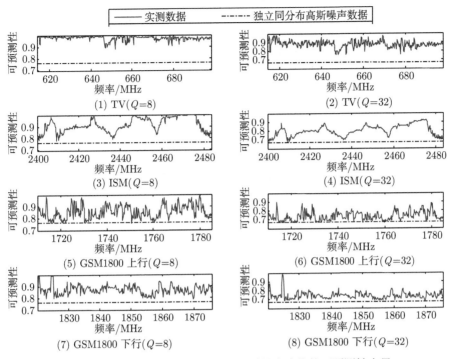

图 5.4　不同业务频段上各个频点频谱状态演化的可预测性上界

在图 5.4 中结果的基础上，图 5.5 和图 5.6 进一步从统计的角度给出了各个业务频段上频谱可预测性上界的累积分布函数 (cumulative distribution function, CDF)，从图中可以看出：

(1) TV 频段的 CDF 显得最陡峭，在 $Q=8$ 和 $Q=32$ 时对应的可预测性最小值分别为 0.8836 和 0.7572；

(2) GSM1800 上行频段的 CDF 最为平缓，在 $Q=8$ 和 $Q=32$ 时对应的可预测性最小值分别为 0.7630 和 0.6681，非常接近独立同分布的高斯白噪声数据的可预测性；

(3) ISM 频段的 CDF 处于 TV 频段和 GSM1800 上/下行频段之间，这意味着 ISM 频段中较大比例的频点的可预测性低于 TV 频段，但是高于 GSM1800 上/下行频段；

(4) 对于所有的业务，$Q=8$ 条件下的 CDF 都比 $Q=32$ 条件下的 CDF 更为陡峭，即可预测性更高，原因在于，量化级数 Q 越大，刻画频谱状态的精度越高，然而预测下一个时隙的频谱状态可选项数也就越多，不确定性越大。

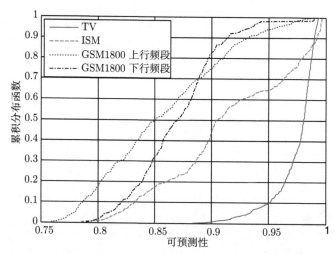

图 5.5　不同业务频段上频谱可预测性上界的累积概率分布 ($Q = 8$)

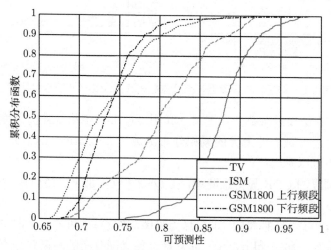

图 5.6　不同业务频段上频谱可预测性上界的累积概率分布 ($Q = 32$)

5.2.2　实测频谱数据的时频相关性

利用相关性系数来分析实测频谱数据内在的时域和频域相关性。对于任意两个随机变量 A 和 B，它们之间的相关性可以通过下式来刻画：

$$\rho_{A,B} = \frac{\text{cov}(A,B)}{\sigma_A \sigma_B} = \frac{E[(A - \mu_A)(B - \mu_B)]}{\sigma_A \sigma_B}, \tag{5.3}$$

式中，cov 表示协方差运算符；$\mu_A(\mu_B)$ 和 $\sigma_A(\sigma_B)$ 分别表示样本均值和样本标准差；$\rho_{A,B} \in [-1,1]$，通常，$\rho_{A,B}$ 的绝对值越大，随机变量 A 和 B 之间的相关性越大。

对于每一种业务，令随机变量 A 和 B 分别表示频谱数据矩阵 $\boldsymbol{X}$ 的任意两列 $\boldsymbol{x}_{.,i}, i \in \{1, \cdots, T\}$ 和 $\boldsymbol{x}_{.,j}, j \in \{1, \cdots, T\}$，即 A 和 B 分别对应该业务频段上所有频点在第 i 个时隙和第 j 个时隙的频谱数据。在这种情况下，$\{\rho_{\boldsymbol{x}_{.,i}, \boldsymbol{x}_{.,j}}, i, j \in \{1, \cdots, T\}\}$ 表示任意两个时隙的频谱状态之间的相关性 (简称时域相关性)。图 5.7 给出了不同业务频段上任意两个时隙的频谱状态之间的时域相关性分布情况，可以看出：

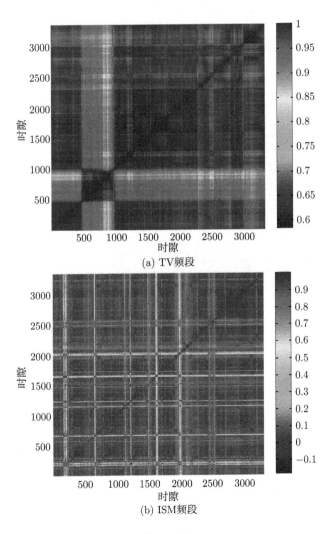

(a) TV频段

(b) ISM频段

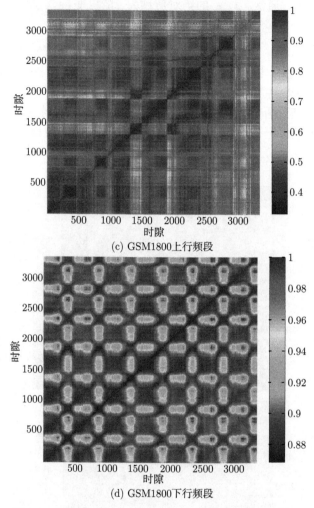

(c) GSM1800上行频段

(d) GSM1800下行频段

图 5.7　不同业务频段上任意两个时隙之间的相关性分布

(1) 对于所有业务来讲, 时域相关性数值普遍都比较大, 非常接近于 1。

(2) 准周期的潮汐效应 (白天与黑夜之间, 每天对应 480 个时隙) 在 GSM 下行业务频段中可以很清晰地观察到, 在 ISM 业务频段和 GSM 上行业务频段也能部分观察到, 这个现象一方面反映了频谱演化的规则性, 另一方面也反映了频谱状态演化与人类互动密切相关。

类似地, 对于每一种业务, 令随机变量 A 和 B 分别表示频谱数据矩阵 $\boldsymbol{X}$ 的任意两行 $\boldsymbol{x}_{i,.}, i \in \{1, \cdots, F\}$ 和 $\boldsymbol{x}_{j,.}, j \in \{1, \cdots, F\}$, 即 A 和 B 分别对应该业务频段上

第 i 个频点和第 j 个频段连续 T 个时隙的频谱数据。在这种情况下，$\{\rho_{\boldsymbol{x}_{i,\cdot\cdot},\boldsymbol{x}_{j,\cdot\cdot}},i,j\in\{1,\cdots,F\}\}$ 表示任意两个频点的频谱状态之间的相关性 (简称频域相关性)。图 5.8 给出了不同业务频段上任意两个频点的频谱状态之间的频域相关性分布情况，可以看出：

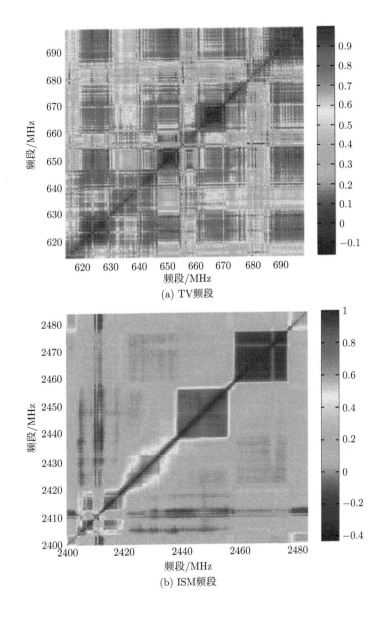

(a) TV频段

(b) ISM频段

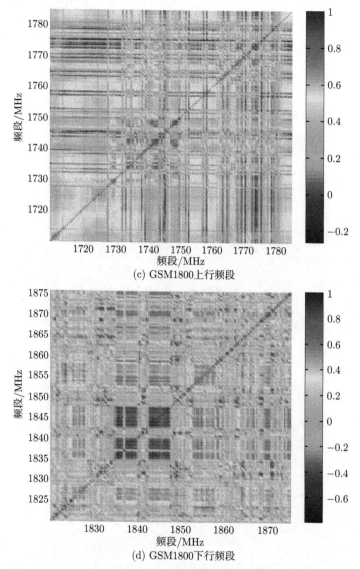

图 5.8　不同业务频段上任意两个频点之间的相关性分布 (见彩图)

(1) 对于所有业务来讲，尽管大多数频域相关性数值没有像图 5.7 中所示的时域相关性那样普遍接近于 1，但是仍然存在部分频域相关性数值比较高的情况。

(2) 对于所有业务来讲，均可以观察到窗口效应 (即图 5.8 中的相关性取值较高的方形区域)，这意味着某些相邻频点的频谱状态演化相关性很高。直观地，TV

频段和 ISM 业务频段的窗口效应比 GSM 上/下行业务频段更明显一些。特别地，图 5.8(a) 中，TV 频段呈现出 10 余个方形窗口，窗内相关性取值都高于 0.5；图 5.8(b) 中，ISM 频段在 2448MHz 和 2468MHz 附近也可以观察到明显的两个方形窗口。

上述时频相关性结构意味着可以通过历史时隙和相邻频点的频谱数据来进行频谱预测。那么，现在面临的问题是如何利用时域和频域的相关性来更好地进行频谱预测。宏观上讲，潜在的频谱预测方法可以分为两大类：基于模型的方法和数据驱动的方法。基于模型的方法显式地进行相关性建模，主要包括两个步骤：①从测量数据到模型 (选取合适的建模方法，并通过实测数据来拟合、估计模型参数)；②从模型到预测数据 (利用模型和输入数据来进行推理)。大多数现有研究属于基于模型的方法，具体见综述文献 [77]。不同的是，下面将设计一种数据驱动的频谱预测方法，该方法直接通过测量数据来推断待预测数据，利用了时–频相关性，但不需要显式地进行相关性建模。

5.3　联合多维频谱预测的数学建模

在上述实测数据分析的基础上，考虑如下场景：一个基站 (比如 IEEE 802.22 无线区域网 (WRAN) 中的认知基站[100]) 通过维护一个频谱数据库来掌握各个业务频段上不同频点的频谱状态演化情况。该数据库的核心组件是一个频谱数据矩阵 $\boldsymbol{X} \in \mathbb{R}^{F \times T}$，整个矩阵存储的是 F 个频点上连续 T 个时隙的频谱状态演化数据，矩阵的行号对应频点的标号，矩阵的列号对应时隙的标号。每个矩阵元素 $x_{f,t}, f \in \{1, \cdots, F\}, t \in \{1, \cdots, T\}$ 表示第 f 个频点第 t 个时隙上的频谱数据。矩阵每行数据 $\boldsymbol{x}_{f,.} := [x_{f,1}, x_{f,2}, \cdots, x_{f,T}], f \in \{1, \cdots, F\}$ 表示第 f 个频点上连续 T 个时隙的频谱状态演化数据。矩阵每列元素 $\boldsymbol{x}_{.,t} := [x_{1,t}, x_{2,t}, \cdots, x_{F,t}]^{\mathrm{T}}, t \in \{1, \cdots, T\}$ 表示第 t 个时隙所有 F 个频点上的频谱状态数据。

如图 5.9 所示，如果将 F 个频点上前 $T - 1$ 个时隙的所有频谱数据看作历史数据的话，频谱预测的目标则是基于这些历史数据来推断第 T 个时隙上各个频点处的频谱状态，即 $\boldsymbol{x}_{.,T}$。实现上述频谱预测的技术挑战主要包括：

(1) 建模时域和频域相关性是一件不容易的工作，尤其是同时考虑模型复杂度和模型泛化能力。

(2) 历史数据的不完整性是客观存在的，导致这一现象的原因包括：①由于硬件受限，每个时隙测量所有频点往往是不实际的，特别是频点数目较多时；②数据收集过程中不可避免的传输丢包等。

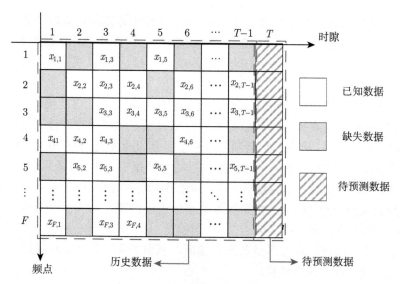

图 5.9 频谱预测的系统模型

令 $\mathcal{H}_0$ 和 $\mathcal{H}_1$ 分别表示测量的频谱数据中"只有噪声"和"信号 + 噪声"2 种假设,则第 f 个频点第 t 个时隙上的频谱数据可以表示为

$$x_{f,t} = \begin{cases} v_{f,t}, & \mathcal{H}_0 \\ p_{f,t} + v_{f,t}, & \mathcal{H}_1, \end{cases} \tag{5.4}$$

其中, $p_{f,t}$ 和 $v_{f,t}$ 分别表示信号功率和噪声功率。进一步,引入 $h_{f,t} = \begin{cases} 0, & \mathcal{H}_0 \\ 1, & \mathcal{H}_1 \end{cases}$,则式 (5.4) 可以表示为

$$x_{f,t} = h_{f,t} \cdot p_{f,t} + v_{f,t}. \tag{5.5}$$

引入矩阵符号 $\boldsymbol{P} := \{p_{f,t}\}$, $\boldsymbol{H} := \{h_{f,t}\}$ 和 $\boldsymbol{V} := \{v_{f,t}\} \in \mathbb{R}^{F \times T}$, 式 (5.5) 中的感知数据可以进一步写成如下形式:

$$\boldsymbol{X} = \boldsymbol{P} \odot \boldsymbol{H} + \boldsymbol{V}, \tag{5.6}$$

式中, $\odot$ 表示矩阵中逐个元素相乘。

进一步,考虑到历史数据可能是不完整的,引入集合 $\Omega \subset [1, 2, \cdots, F] \times$ 表示已知数据集合,引入符号 $\mathcal{P}_\Omega(\cdot)$,将不在集合 Ω 的元素置为 0,已知数据保持不变,则实际获得的频谱数据可以进一步表示为

$$\mathcal{P}_\Omega(\boldsymbol{X}) = \mathcal{P}_\Omega(\boldsymbol{P} \odot \boldsymbol{H} + \boldsymbol{V}). \tag{5.7}$$

现在, 感兴趣的问题从数学上可以建模为矩阵完成问题, 即基于已知矩阵元素 $\mathcal{P}_\Omega(\boldsymbol{X})$ 来推测/填充不在集合 Ω 中的矩阵元素。当矩阵 $\boldsymbol{X}$ 填充完毕, 则矩阵 $\boldsymbol{X}$ 的第 T 列 (即第 T 个时隙各个频点上的频谱数据)$\boldsymbol{x}_{\cdot,T}$ 即我们想预测的频谱数据。与此同时, 矩阵前 $T-1$ 列中空缺的元素作为副产品 (by-products) 也被补全了。

5.4　低秩矩阵统计学习算法设计

通常情况下, 矩阵完成是一个欠定问题。如果没有约束条件的话, 随便填充任意值都可以实现矩阵完成。本章中考虑的约束条件是相关性造成的频谱数据矩阵低秩特性。5.2.2 节给出分析表明: 频谱数据矩阵存在广泛的时频相关性, 这意味着频谱数据矩阵具备渐近低秩特性。

特别地, 对于频谱数据矩阵 $\boldsymbol{X} \in \mathbb{R}^{F \times T}$, 令 $\Omega \subset [1, 2, \cdots, F] \times [1, 2, \cdots, T]$ 表示已知元素集合, 历史数据不完整条件下频–时联合预测建模为如下优化问题:

$$\boldsymbol{Z}^* = \underset{\boldsymbol{Z}}{\arg\min} \, ||P_\Omega(\boldsymbol{X}) - P_\Omega(\boldsymbol{Z})||_{\mathrm{F}}^2 \tag{5.8}$$
$$\text{subject to } \mathrm{rank}(\boldsymbol{Z}) \leqslant r,$$

式中, 优化目标是找到一个矩阵 $\boldsymbol{Z}^*$, 使得它最接近真实频谱数据矩阵 $\boldsymbol{X}$, 约束条件是真实频谱数据矩阵 $\boldsymbol{X}$ 的秩小于 r。参数 r 反映时频相关性程度, 任一矩阵 $\boldsymbol{M} \in \mathbb{R}^{F \times T}$ 的 Frobenius 模定义为 $||\boldsymbol{M}||_{\mathrm{F}}^2 := \sum_{f=1}^{F} \sum_{t=1}^{T} |\boldsymbol{m}_{ij}|^2$。

由于矩阵秩运算 $\mathrm{rank}(\boldsymbol{Z})$ 的存在, 上面优化问题属于 NP 难问题。为有效求解该问题, 通常的做法是用核范数 $||\boldsymbol{Z}||_*$(表示矩阵奇异值的和) 来近似替代矩阵秩 $\mathrm{rank}(\boldsymbol{Z})$(表示非零奇异值的个数)。因此, 上述优化问题可以转化为

$$\boldsymbol{Z}^* = \underset{\boldsymbol{Z}}{\arg\min} \, ||P_\Omega(\boldsymbol{X}) - P_\Omega(\boldsymbol{Z})||_{\mathrm{F}}^2 \tag{5.9}$$
$$\text{subject to } ||\boldsymbol{Z}||_* \leqslant r.$$

进一步, 引入拉格朗日因子 λ, 上述约束优化问题可转化为以下非约束优化问题:

$$\boldsymbol{Z}^* = \underset{\boldsymbol{Z}}{\arg\min} \, \frac{1}{2}||P_\Omega(\boldsymbol{X}) - P_\Omega(\boldsymbol{Z})||_{\mathrm{F}}^2 + \lambda||\boldsymbol{Z}||_* \tag{5.10}$$

自 2008 年以来, 求解上述优化问题引起了国内外数学家和统计学家的广泛兴趣与关注, 形成了一系列矩阵完成理论和算法[141,142,145,159]。本书采用斯坦福大学 R. Mazumder 等学者提出的 soft-impute 算法[159] 的求解思路。选择该算法的原因

在于：相比于其他算法，该算法具有扩展性好、收敛速度快、可调参数少、适合大规模或高维矩阵处理等优势。

5.5 实验结果与分析

本节利用实测频谱数据来验证所提频谱预测算法的有效性。以 TV 频段的频谱数据为例，图 5.10 对比了两种频谱预测算法性能均方根误差 (root mean squared error, RMSE) 的累积分布函数 (CDF)，其中一种是经典的基于神经网络的时域 (一维) 频谱预测算法 (neural network-based temporal spectrum prediction, NNTSP)，另外一种是本章 5.4 节所提的联合时域与频域的 (二维) 频谱预测 (joint spectral-temporal spectrum prediction, JSTSP) 算法。从图 5.10 中可以看出：JSTSP 算法的性能随着缺失历史数据的比例减小而不断改善；当缺失历史数据的比例不大于 50% 时，JSTSP 算法的性能优于 NNTSP 算法的性能，这主要是由于前者利用了时域和频域二维矩阵频谱数据，而后者仅仅利用了单个频点一维历史数据。

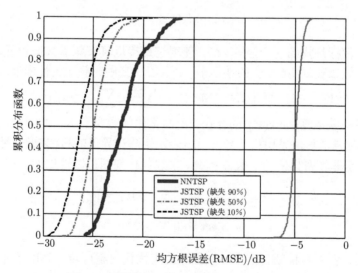

图 5.10 频谱预测性能的累积分布函数对比

5.6 可预测性理论推导

定理 5.1 中可预测性的证明过程如下：

对于任一频点, 记其第 i 个时隙的状态为 X_i, 第 1 个时隙到第 n 个时隙的状态数据为序列 $S_n = \{X_1, X_2, \cdots, X_n\}$。根据随机变量序列熵的定义[160], 该频点频谱状态演化的真实熵 E^{actual} 可以通过下式来刻画:

$$
\begin{aligned}
E^{\mathrm{actual}} &\triangleq \lim_{n \to \infty} \frac{1}{n} E(X_1, X_2, \cdots, X_n) \\
&= \lim_{n \to \infty} \frac{1}{n} \sum_{i=1}^{n} E(X_i | S_{i-1}),
\end{aligned}
\tag{5.11}
$$

其中, 第一个等式是直接根据熵的定义得到, 第二个等式应用了熵的链式法则, $E(X_i | S_{i-1}), i = 1, \cdots, n$ 表示条件熵。

用 $\mathrm{Pr}[X_n = x | S_{n-1}]$ 表示给定历史频谱数据序列 $S_{n-1} = \{X_1, X_2, \cdots, X_{n-1}\}$ 条件下第 n 个时隙的频谱状态为 $X_n = x$ 的概率, 则第 n 个时隙最有可能出现的状态 (记为 x_M) 所对应的概率可以表示为

$$
\pi(S_{n-1}) \triangleq \sup_{x} \{\mathrm{Pr}[X_n = x | S_{n-1}]\}.
\tag{5.12}
$$

在此基础上, 利用长度为 $n-1$ 历史数据来推断第 n 个时隙的状态的统计可预测性定义为

$$
\Pi(n) \triangleq \sum_{S_{n-1}} \pi(S_{n-1}) P(S_{n-1}).
\tag{5.13}
$$

其中, $P(S_{n-1})$ 表示观察到某一长度为 $n-1$ 的特定历史数据序列 S_{n-1} 所对应的概率。式 (5.13) 右侧对长度为 $n-1$ 历史数据序列的所有情况进行了统计平均, 刻画的是推断第 n 个时隙的状态所能获得的预测准确性, 其取值大小会随着 n 的增大而发生变化。

为了进一步刻画可预测性的极限平均性能, 需要对式 (5.13) 取极限, 得到该频点的频谱演化总体可预测性为

$$
\Pi \triangleq \lim_{n \to \infty} \frac{1}{n} \sum_{i=1}^{n} \Pi(i).
\tag{5.14}
$$

如上所述, 给定历史频谱数据序列 S_{n-1} 条件下, 第 n 个时隙的频谱状态的概率分布为 $\{\mathrm{Pr}[X_n | S_{n-1}]\}$。现在, 构建一个新的概率分布 $\left\{\mathrm{Pr}[\tilde{X}_n | S_{n-1}]\right\}$, 在此分布下, 第 n 个时隙最有可能出现的状态 x_M 所对应的概率为 $\pi(S_{n-1}) = p$ (式 (5.12)), 其余 $Q-1$ 个频谱状态假设等概率出现, 出现概率均为 $\dfrac{1-p}{Q-1}$。新的分布可以表

示为

$$\left\{ \Pr[\tilde{X}_n|S_{n-1}] \right\} = \left\{ p, \underbrace{\frac{1-p}{Q-1}, \cdots, \frac{1-p}{Q-1}}_{Q-1 \uparrow} \right\}. \tag{5.15}$$

新的分布下的条件熵可以通过下式计算：

$$\begin{aligned}
E\left(\tilde{X}_n|S_{n-1}\right) &= -p \log_2 p - \sum_{i=2}^{Q} \frac{1-p}{Q-1} \log_2 \frac{1-p}{Q-1} \\
&= -p \log_2 p - (1-p) \log_2 \frac{1-p}{Q-1} \\
&= -\left[p \log_2 p + (1-p) \log_2 (1-p) \right] + (1-p) \log_2 (Q-1) \\
&\triangleq E_{\mathrm{F}}(p) \\
&= E_{\mathrm{F}}\left(\pi\left(S_{n-1}\right) \right). \tag{5.16}
\end{aligned}$$

式中，$E_{\mathrm{F}}(p)$ 满足法诺函数的一般形式，因此具有法诺函数的性质。此外，由于新的分布 $\left\{ \Pr[\tilde{X}_n|S_{n-1}] \right\}$ 的随机性不低于原分布，因此，下式成立：

$$E\left(X_n|S_{n-1}\right) \leqslant E\left(\tilde{X}_n|S_{n-1}\right) = E_F\left(\pi\left(S_{n-1}\right) \right). \tag{5.17}$$

这正是法诺不等式[158,161] 的一种形式。

进一步，从条件熵的定义出发，可以得到如下结果：

$$\begin{aligned}
E\left(X_n|S_{n-1}\right) &= \sum_{S_{n-1}} E\left(X_n|S_{n-1}\right) P\left(S_{n-1}\right) \\
&\leqslant \sum_{S_{n-1}} E_{\mathrm{F}}\left(\pi\left(S_{n-1}\right) \right) P\left(S_{n-1}\right) \\
&\leqslant E_{\mathrm{F}}\left(\sum_{S_{n-1}} \pi\left(S_{n-1}\right) P\left(S_{n-1}\right) \right) \\
&= E_{\mathrm{F}}\left(\Pi\left(n\right) \right). \tag{5.18}
\end{aligned}$$

其中，第一个等式由条件熵的定义得到，第一个不等式是根据式 (5.17) 中的结果得到，第二个不等式根据琴生不等式 (Jensen inequality)[162] 得到，最后一个等式是根据式 (5.13) 中的定义得到。进一步，可得

$$E^{\mathrm{actual}} = \lim_{n \to \infty} \frac{1}{n} \sum_{i=1}^{n} E(X_i|S_{i-1})$$

$$\leqslant \lim_{n \to \infty} \frac{1}{n} \sum_{i=1}^{n} E_{\mathrm{F}}(\Pi(i))$$

$$\leqslant E_{\mathrm{F}} \left(\lim_{n \to \infty} \frac{1}{n} \sum_{i=1}^{n} \Pi(i) \right)$$

$$= E_{\mathrm{F}}(\Pi). \tag{5.19}$$

其中，第一个等式是根据式 (5.11) 中的结果得到，第一个不等式是基于式 (5.18) 的结果得到，第二个不等式根据琴生不等式得到，最后一个等式根据式 (5.14) 中的定义得到。

进一步地，由文献 [160] 可知，当 $\Pi \in [1/Q, 1)$ 时，法诺函数 $E_{\mathrm{F}}(\Pi)$ 是变量 Π 的单调减函数，即下式成立：

$$[E_{\mathrm{F}}(\Pi) - E_{\mathrm{F}}(\Pi^{\max})](\Pi - \Pi^{\max}) \leqslant 0. \tag{5.20}$$

此时，定义

$$E^{\mathrm{actual}} \triangleq E_{\mathrm{F}}(\Pi^{\max})$$

$$= -[\Pi^{\max} \log_2 \Pi^{\max} + (1 - \Pi^{\max}) \log_2(1 - \Pi^{\max})]$$

$$+ (1 - \Pi^{\max}) \log_2(Q - 1). \tag{5.21}$$

由于式 (5.19) 得到 $E^{\mathrm{actual}} \leqslant E_{\mathrm{F}}(\Pi)$，因此 $E_{\mathrm{F}}(\Pi^{\max}) \leqslant E_{\mathrm{F}}(\Pi)$，即有

$$E_{\mathrm{F}}(\Pi) - E_{\mathrm{F}}(\Pi^{\max}) \geqslant 0. \tag{5.22}$$

结合式 (5.20) 和式 (5.22)，可得

$$\Pi - \Pi^{\max} \leqslant 0, \tag{5.23}$$

即

$$\Pi \leqslant \Pi^{\max}. \tag{5.24}$$

至此，定理 5.1 得证。

5.7　本章小结

本章分析了实测频谱状态演化的时频相关性及可预测性，提出了面向多维频谱联合预测的低秩矩阵统计学习理论方法，主要工作与创新点包括：

(1) 从信息熵与法诺不等式出发, 给出了统计意义上频谱状态演化的可预测性上界。

(2) 通过分析实测频谱数据的时域和频域相关性, 观察到时域潮汐效应与频域窗口效应。

(3) 将频谱预测问题数学建模为低秩矩阵统计学习问题, 并首次考虑了历史数据不完整这一实际约束条件。

(4) 设计了数据驱动的频谱预测算法, 该方法直接通过测量数据来推断待预测频谱状态, 利用了时–频相关性, 但不需要显式地进行相关性建模, 有效提升了频谱预测性能。注意到, 为避免预测得到的结果因为过时而失效, 频谱预测算法的速度与时效性往往是非常重要的, 是值得进一步深入研究的方向。

第6章 非线性协同频谱数据挖掘

把最复杂的变成最简单的，才是最高明的。

——达·芬奇

近年来，线性统计学习理论方法在处理许多复杂问题中的能力不足问题逐渐引起研究者的反思，在追求更加强大的非线性统计学习理论方法这一实际需求驱动下，研究者对核学习理论和方法的研究兴趣不断增长。核学习理论和方法在越来越多的工程问题中得到了广泛的应用研究，特别是在通信与信号处理领域。

鉴于此，本章针对现有线性协同频谱感知研究中存在的检测结果不准确这个技术挑战，以授权用户网络检测和频谱攻击用户检测为两个典型应用，研究面向频谱数据非线性统计处理的核学习理论，旨在搭建核学习基础理论与动态频谱接入中非线性频谱数据统计处理问题之间的桥梁，论证核学习在非线性数据融合和高维数据聚类等方面的性能优势。进一步，指出核学习理论将在信号分类识别、频谱状态预测等开放性课题上取得新的进展。

6.1 系 统 模 型

本节给出非线性协同频谱感知中的两个典型应用的系统模型和问题描述，为后文的算法设计作铺垫。

6.1.1 协同频谱感知场景一：授权用户网络检测

图 6.1 给出空间位置随机分布的授权用户网络检测的示意图。

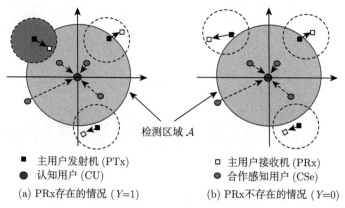

检测区域 $\mathcal{A}$

■ 主用户发射机 (PTx) □ 主用户接收机 (PRx)
● 认知用户 (CU) ● 合作感知用户 (CSe)

(a) PRx存在的情况 ($Y=1$) (b) PRx不存在的情况 ($Y=0$)

图 6.1 授权用户网络检测示意图

图 6.1 中，授权用户发射机 (primary transmitters, PTx's) 随机分布在一个二维空间区域，服从泊松点过程 (Poisson point process，PPP)[134]。每个授权用户接收机 (primary receiver, PRx) 在相应的授权用户发射机周围的一个圆盘区域内随机分布。考虑一个有用频需求的认知用户 (cognitive user, CU) 位于坐标原点，在发送信号之前，该认知用户首先通过频谱感知来检测其通信区域 $\mathcal{A}$ 内是否存在授权用户接收机，以避免对其造成干扰。由于单个认知用户的检测能力有限，该认知用户召集周围的 N_{cs} 个合作感知用户 (cooperative sensor, CSe) 来协同其进行频谱感知。若检测区域 $\mathcal{A}$ 内不存在授权用户接收机，该认知用户 CU 可以进行通信；反之，该认知用户 CU 需要终止通信，以避免对授权用户接收机的有害干扰。

令随机变量 Y 表示认知用户 CU 对应的检测区域 $\mathcal{A}$ 内是否存在授权用户接收机，则协同频谱感知的目的是正确地区分以下两种情况：

$$\begin{cases} Y = 1, & \text{主用户接收机存在} \\ Y = 0, & \text{主用户接收机不存在} \end{cases} \tag{6.1}$$

由于缺乏来自授权用户网络的合作，认知用户不具备授权用户接收机具体位置的先验信息。在此情况下，认知用户 CU 希望通过有效地挖掘自身的感知结果和 N_{cs} 个 CSe 的感知结果来推断检测区域 $\mathcal{A}$ 内授权用户接收机是否存在。感知过程中，认知用户 CU 收集到的感知数据可以表示为如下矢量：

$$\boldsymbol{x} := (x_0, x_1, \cdots, x_{N_{cs}})^{\mathrm{T}}, \tag{6.2}$$

式中，元素 x_0 和 $x_i, i = 1, 2, \cdots, N_{cs}$ 分别表示认知用户 CU 和第 i 个合作感知用户收集的能量感知数据。至此，考虑的问题本质上属于多用户信息融合的问题，即如何有效地利用来自多个用户的感知数据，实现尽可能准确地判定检测区域 $\mathcal{A}$ 内是否存在授权用户接收机？下面将分别设计线性融合算法和基于核学习的非线性融合算法来求解该问题。

6.1.2　协同频谱感知场景二：频谱攻击用户检测

图 6.2 给出存在频谱攻击用户情况下的协同频谱感知示意图。

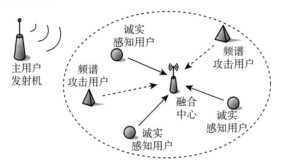

图 6.2　存在频谱攻击用户情况下的协同频谱感知示意图

如图 6.2 所示，考虑 N 个感知用户和一个融合中心进行协同频谱感知，目的是检测给定某一信道上是否存在授权用户信号。授权用户信号在该信道上的活动情况通常建模为状态 ON(存在) 与状态 OFF(不存在) 之间的周期性地交替更新过程。每个周期里，各个感知用户收集授权用户发射机信号，并上报原始数据 (对诚实感知用户来说) 或伪造数据 (对频谱攻击用户来说) 给融合中心。融合中心整合收集到的所有感知数据，并作出授权用户信号存在 ($\mathcal{H}_1$) 或不存在 ($\mathcal{H}_0$) 的判决。通过伪造感知数据，每个频谱攻击用户的目的是误导融合中心，使之作出错误判决。

具体地，考虑每个感知用户使用能量检测器，则第 n 个感知用户在第 t 个感知周期上报给融合中心的数据可以表示如下：

$$x_{nt} = \underbrace{P_{nt} \cdot 1_{\{\mathcal{H}_i\}} + N_0 + E_{nt}}_{\text{能量检测器输出}T_{nt}} + o_{nt}, \quad n = 1, 2, \cdots, N, t = 1, 2, \cdots, p, \tag{6.3}$$

式中，$1_{\{\mathcal{H}_i\}}$ 表示符号函数，$1_{\{\mathcal{H}_i\}} = \begin{cases} 1, & \mathcal{H}_i = \mathcal{H}_1 \\ 0, & \mathcal{H}_i = \mathcal{H}_1 \end{cases}$。$T_{nt}$ 表示第 n 个感知用户在第 t 个感知周期内接收到的信号能量值，包括授权用户信号功率 P_{nt}，噪声平均功率 N_0 和均值为 0、方差为 $\sigma_{E_{nt}^2} = (P_{nt} \cdot 1_{\{\mathcal{H}_1\}} + N_0)^2/N_{\text{sam}}$ 的高斯随机误差 E_{nt}，N_{sam} 表示感知过程中的采样点数。特别地，o_{nt} 表示第 n 个感知用户在第 t 个感知周期内的频谱攻击数据分量。对于诚实感知用户，o_{nt} 为 0；反之，对于频谱

攻击用户, o_{nt} 非 0。

频谱攻击用户带来的有害威胁主要包括以下两种类型:

攻击类型 1: 频谱攻击用户在原始感知数据中注入正的攻击数据分量, 即 $o_{nt} > 0$, 这将会提升融合中心的虚警率 (即错误地将不存在授权用户信号的情况 $\mathcal{H}_0$ 判定为存在 $\mathcal{H}_1$ 的概率)。

攻击类型 2: 频谱攻击用户在原始感知数据中注入负的攻击数据分量, 即 $o_{nt} < 0$, 这将会提升融合中心的漏检率 (即错误地将存在授权用户信号的情况 $\mathcal{H}_1$ 判定为不存在 $\mathcal{H}_0$ 的概率)。

通常情况下, 攻击类型 1 将使得认知用户错过频谱接入机会, 导致利用率低下; 攻击类型 2 将使得认知用户错误地接入并不存在的机会, 带来对授权用户的更多碰撞与干扰。因此, 为了消除伪造数据的负面影响, 在进行数据融合判决之前, 融合中心需要首先正确地区分诚实感知用户和频谱攻击用户。关于此问题的前期研究可参见文献 [8, 20]。

不同于现有研究, 本章将应用数据挖掘领域的聚类算法来实现在缺乏频谱攻击用户先验信息的情况下, 同时检测多个频谱攻击用户。基本思想如下:

令矢量 $\boldsymbol{x}_n := (x_{n1}, x_{n2}, \cdots, x_{np})^{\mathrm{T}}$ 表示第 n 个感知用户连续 p 个周期的感知数据矢量, 融合中心在收集来自所有 N 个感知用户连续 p 个周期的感知数据矩阵 $\boldsymbol{X} := \{\boldsymbol{x}_1, \boldsymbol{x}_2, \cdots, \boldsymbol{x}_N\}$ 的基础上, 尝试寻找一个划分方法, 将感知数据矩阵 $\boldsymbol{X}$ 中来自诚实感知用户和频谱攻击用户的数据矢量区分开来。下文中将分别通过传统聚类和核聚类实现上述划分。

6.2 核学习理论基础

在设计具体算法之前, 本节将从概念、工具和方法三个方面给出核学习基础理论的概述, 为后文面向非线性协同频谱感知的核学习算法设计做铺垫。

6.2.1 基本概念

在统计学的框架下构建从数据中学习 (简称统计学习) 的机器已经具有很长的一段历史。早在 18 世纪, Johann Carl Friedrich Gauss 就提出了最小二乘回归 (least squares regression) 的思想。20 世纪 30 年代, Ronald Aylmer Fisher 提出的分类方法被广泛认为是大多数现有统计学习研究的起点[163]。在输出是输入变量的线性组合这一基本假设下, 线性学习机始终主导着分类和回归相关问题的研究, 直到 20 世纪 60 年代, 线性学习机在处理许多复杂问题时的能力不足问题才逐渐引起研究者的反思[164]。最近 15 年来，核学习引起了研究者的广泛研究兴趣，这主要是由于核学习在设计有效的非线性学习算法方面的突破，带来了一种新颖的学习理论框架来提升学习机的计算能力[165]。

特别地，在核学习理论中，通过一个非线性映射 Φ，原始输入空间 $\mathcal{X}$ 中的数据 $\boldsymbol{x}$ 可以被投影到更高维度的特征空间 $\mathcal{F}$ 中：

$$\mathcal{X} \xrightarrow{\Phi} \mathcal{F}, \quad \boldsymbol{x} \mapsto \Phi(\boldsymbol{x}). \tag{6.4}$$

对于给定的学习问题，经过式 (6.4) 的变换，人们可以直接处理高维特征空间的数据 $\Phi(\boldsymbol{x}) \in \mathcal{F}$。使用不同的非线性映射 Φ，原始输入空间 $\mathcal{X}$ 中的数据 $\boldsymbol{x}$ 可以被投影到不同的特征空间 $\mathcal{F}$。特征空间的多样性使得人们拥有更多的选择来获得更好的性能，然而，对于给定的实际问题，如何选择合适的映射本身不是一件容易的事情。

幸运的是，文献 [164] 提出了一种优雅的数学工具：核变换 (kernel trick)。通过核变换，在不需要显式地知道映射函数 Φ 的情况下，现有大多数线性统计技术可以较容易地衍生出相应的非线性版本。实际上，人们往往仅需要将现有线性统计技术中的内积运算用一个合适的核函数 k 替换即可。核函数 k 通常是一个正半定对称函数，作为特征空间中数据对之间的相似性度量，可以表示为如下内积形式：

$$\mathrm{k}(\boldsymbol{x}_i, \boldsymbol{x}_j) := \langle \Phi(\boldsymbol{x}_i), \Phi(\boldsymbol{x}_j) \rangle_{\mathcal{F}}, \forall \boldsymbol{x}_i, \quad \boldsymbol{x}_j \in \mathcal{X}. \tag{6.5}$$

常用的核函数可以分为两类：映射性核函数 (projective kernels，内积的函数) 和放射性核函数 (radial kernels，距离的函数)，具体见表 6.1 (其中 $c > 0, p \in \mathbb{N}_+$, $\sigma > 0$)。这些核函数可以将原始输入空间的数据映射到高维 (甚至无限维) 特征空间中。

表 6.1　常用的核函数列表

核函数 (映射性)	表达式	核函数 (放射性)	表达式
单项式	$(\langle \boldsymbol{x}_i, \boldsymbol{x}_j \rangle)^d$	高斯	$\exp(-\|\boldsymbol{x}_i - \boldsymbol{x}_j\|_2^2 / 2\sigma^2)$
多项式	$(\langle \boldsymbol{x}_i, \boldsymbol{x}_j \rangle + c)^d$	拉普拉斯	$\exp(-\|\boldsymbol{x}_i - \boldsymbol{x}_j\|_2 / 2\sigma^2)$
指数	$\exp(\langle \boldsymbol{x}_i, \boldsymbol{x}_j \rangle / 2\sigma^2)$	复二次 (multiquadratic)	$\sqrt{\|\boldsymbol{x}_i - \boldsymbol{x}_j\|_2^2 + c}$
S 型	$\tanh(\langle \boldsymbol{x}_i, \boldsymbol{x}_j \rangle / \sigma + c)$	复二次的逆 (inverse multiquadratic)	$1/\sqrt{\|\boldsymbol{x}_i - \boldsymbol{x}_j\|_2^2 + c}$

6.2.2　常用工具

核的引入大大增强了计算能力，这主要表现在：通过核变换，可以构建原始输入空间数据的非线性学习机，同时在特征空间中只需要进行线性处理，这使得复杂的学习问题变得容易操作。然而，核学习在增强计算能力的同时，也带来了新的技术挑战，例如数值不稳定、泛化性能不理想等。现有文献提出了一系列数学工具来解决这些技术挑战，如正则化 (regularization)、泛化 (generalization)、优化 (optimization) 等。文献 [165-167] 系统性地给出上述数学工具的基础性入门知识，文献 [168-170] 则给出了更加新颖、更加复杂的知识，囿于篇幅，下文仅给出宏观介绍。

简单来讲，正则化理论作为一种控制 (解释训练数据) 模型复杂度的数学工具，主要通过在目标函数里包含经验风险项和规则化项来体现[170]；泛化理论从统计的角度给出了学习机的理论特性，主要通过引入复杂的度量 (如 Vapnik-Chervonenkis dimension, VC 维)，并给出如何推导泛化误差理论界的方法[166]。优化理论，特别是凸优化理论，指导着求解核学习问题的算法设计[167]。

6.2.3　主流方法

核方法是在特征空间中进行处理的方法。早期非常有名的核方法是支持向量机 (support vector machine)[166]，随后核费希尔判别分析 (kernel Fisher discriminant analysis)[171]、核 K 均值聚类 (kernel K-means clustering)[172]、核主成分分析 (kernel principal component analysis)[165] 和核在线学习 (kernel online learning)[169] 等方法逐渐受到研究者的广泛关注，这主要得益于这些核方法可以提供性能上的理论保证，且可以衍生出功能强大的非线性算法。近年来，核方法在越来越多的工程问题中得到了广泛的应用研究，特别是在通信与信号处理领域。下面将以非线性协同频谱感知中的两个典型应用为例，阐述核方法的适用性和优越性。

6.3　面向授权用户网络检测的统计核学习算法设计

针对 6.1 节描述的协同频谱感知场景一，即授权用户网络检测问题，首先给出最优检测方案，考虑到实现的可行性与复杂度，接着给出简化的线性融合协同频谱感知方案，进一步利用核学习理论和方法，设计性能更好的非线性融合协同频谱感知方案。

6.3.1　最优似然比检测器

如 6.1 节所述，授权用户网络检测本质上是一个多用户信息融合问题。据文献 [24, 137, 138] 报道，针对多用户信息融合问题，最优的融合准则是基于似然比检验 (likelihood ratio test, LRT) 的融合准则，这个准则一开始是为无线传感网中数据融

合设计的。具体地，令 $f_{\boldsymbol{x}|Y=1}(f_{\boldsymbol{x}|Y=0})$ 表示随机向量 $\boldsymbol{x}$ 在条件 $Y=1$ $(Y=0)$ 下的概率分布函数 (probability distribution function, PDF)，T_{lrt} 表示检测门限，则最优似然比检测器表示如下：

$$\frac{f_{\boldsymbol{x}|Y=1}(\boldsymbol{x})}{f_{\boldsymbol{x}|Y=0}(\boldsymbol{x})} \underset{Y=0}{\overset{Y=1}{\gtrless}} T_{\mathrm{lrt}}. \tag{6.6}$$

如上式所示，最优似然比检测器需要计算随机向量 $\boldsymbol{x}$ 在条件 $Y=1(Y=0)$ 下的概率分布函数 $f_{\boldsymbol{x}|Y=1}(f_{\boldsymbol{x}|Y=0})$，这将涉及多重积分，难以写出闭合表达式，而数值积分也将会带来较高计算复杂度。因此，实际中往往倾向于以较小检测性能损失为代价来设计复杂度较低的检测器。

6.3.2　基于线性费希尔判别分析的协同频谱感知

通常，线性融合被认为是设计简单有效的检测器的首要选择。令 $\boldsymbol{w} := (w_1, w_2, \cdots, w_{N_{\mathrm{cs}}})^{\mathrm{T}}$ 表示分配给每个感知用户的线性加权系数矢量，线性融合准则可以表示如下：

$$D = \boldsymbol{w}^{\mathrm{T}}\boldsymbol{x} = \sum_{n=0}^{N_{\mathrm{cs}}} w_n x_n \underset{Y=0}{\overset{Y=1}{\gtrless}} T_{\mathrm{linear}}. \tag{6.7}$$

那么，问题在于：如何确定式 (6.7) 中的线性加权系数矢量 $\boldsymbol{w}$？根据奈曼–皮尔逊准则 (Neyman-Pearson criterion)[40,146]，最优的权值向量 $\boldsymbol{w}$ 可以通过如下方式求得：

(1) 在给定虚警概率 $\mathrm{Pr}\{\boldsymbol{w}^{\mathrm{T}}\boldsymbol{x} \geqslant T_{\mathrm{linear}}|Y=0\}$ 的条件下最大化检测概率 $\mathrm{Pr}\{\boldsymbol{w}^{\mathrm{T}}\boldsymbol{x} \geqslant T_{\mathrm{linear}}|Y=1\}$；

(2) 在给定检测概率 $\mathrm{Pr}\{\boldsymbol{w}^{\mathrm{T}}\boldsymbol{x} \geqslant T_{\mathrm{linear}}|Y=1\}$ 的条件下最小化虚警概率 $\mathrm{Pr}\{\boldsymbol{w}^{\mathrm{T}}\boldsymbol{x} \geqslant T_{\mathrm{linear}}|Y=0\}$。

然而，考虑授权用户网络模型的随机性，求解最优的权值向量 $\boldsymbol{w}$ 将涉及多重积分，难以写出闭合表达式，而数值积分也将会带来较高计算复杂度。鉴于此，文献 [35] 提出利用线性费希尔判别分析 (linear Fisher discriminant analysis, linear FDA) 来求解次优的权值向量 $\boldsymbol{w}$。

通常情况下，费希尔判别分析适合于处理如下问题：给定一个包含两个不同类别的数据集，如何确定最佳的特征或特征集合，以更准确地区分两个不同类别的对象？针对上述授权用户网络检测问题，线性费希尔判别分析意在寻找一个线性权值向量 $\boldsymbol{w}^{\mathrm{L\text{-}FDA}}$，通过分配给性能更好的感知用户以更高的权值系数来尽可能准确地判定检测区域 $\mathcal{A}$ 内是否存在授权用户接收机。具体地，线性费希尔判别分析的出

发点是最大化下面的瑞利系数 (Rayleigh coefficient):

$$J(\boldsymbol{w}) = \frac{\boldsymbol{w}^{\mathrm{T}} \boldsymbol{S}_B \boldsymbol{w}}{\boldsymbol{w}^{\mathrm{T}} \boldsymbol{S}_W \boldsymbol{w}}, \tag{6.8}$$

即

$$\boldsymbol{w}^{\mathrm{L\text{-}FDA}} = \arg\max_{\boldsymbol{w}} J(\boldsymbol{w}). \tag{6.9}$$

式中，$\boldsymbol{S}_B = (\boldsymbol{m}_1 - \boldsymbol{m}_0)(\boldsymbol{m}_1 - \boldsymbol{m}_0)^{\mathrm{T}}$ 和 $\boldsymbol{S}_W = \displaystyle\sum_{Y=0,1} \sum_{\boldsymbol{x} \in \mathcal{J}_Y} (\boldsymbol{x} - \boldsymbol{m}_Y)(\boldsymbol{x} - \boldsymbol{m}_Y)^{\mathrm{T}}$ 分别表示类间和类内散射矩阵，$\boldsymbol{m}_1(\boldsymbol{m}_0)$ 和 $\mathcal{J}_1(\mathcal{J}_0)$ 分别表示条件 $Y = 1 \ (Y = 0)$ 下的均值向量和感知数据集。根据文献 [163]，式 (6.9) 的最优解可以表示如下：

$$\boldsymbol{w}^{\mathrm{L\text{-}FDA}} = \boldsymbol{S}_W^{-1}(\boldsymbol{m}_1 - \boldsymbol{m}_0). \tag{6.10}$$

6.3.3　基于核费希尔判别分析的协同频谱感知

6.3.2 节给出的线性费希尔判别分析本质上属于线性技术，其性能往往受限。为进一步提升感知性能，下文探索利用非线性处理技术，即核费希尔判别分析 (kernel Fisher discriminant analysis, kernel FDA) 来重新设计多用户信息融合方案。

基于核费希尔判别分析的信息融合的核心思想为：在核特征空间 $\mathcal{F}$ 求解线性融合问题，映射到原始输入空间则对应非线性融合准则。令 Φ 表示原始输入空间到核特征空间 $\mathcal{F}$ 的非线性映射，则在特征空间的瑞利系数可以表示为

$$J(\boldsymbol{w}^{\Phi}) = \frac{(\boldsymbol{w}^{\Phi})^{\mathrm{T}} \boldsymbol{S}_B^{\Phi} \boldsymbol{w}^{\Phi}}{(\boldsymbol{w}^{\Phi})^{\mathrm{T}} \boldsymbol{S}_W^{\Phi} \boldsymbol{w}^{\Phi}}, \tag{6.11}$$

式中，$\boldsymbol{w}^{\Phi} \in \mathcal{F}$，$\boldsymbol{S}_B^{\Phi} = (\boldsymbol{m}_1^{\Phi} - \boldsymbol{m}_0^{\Phi})(\boldsymbol{m}_1^{\Phi} - \boldsymbol{m}_0^{\Phi})^{\mathrm{T}}$，$\boldsymbol{S}_W^{\Phi} = \displaystyle\sum_{Y=0,1} \sum_{\boldsymbol{x} \in \mathcal{J}_Y} (\Phi(\boldsymbol{x}) - \boldsymbol{m}_Y^{\Phi})$ $(\Phi(\boldsymbol{x}) - \boldsymbol{m}_Y^{\Phi})^{\mathrm{T}} \boldsymbol{m}_1^{\Phi}(\boldsymbol{m}_0^{\Phi})$ 表示条件 $Y = 1 \ (Y = 0)$ 下的感知数据在特征空间上的均值向量。

为了在核特征空间 $\mathcal{F}$ 上构建非线性/核费希尔判别分析，首先需要对式 (6.11) 进行变换，写成输入数据的内积形式。基于文献 [171] 可知，任一可行的权值向量 $\boldsymbol{w}^{\Phi}$ 均处于特征空间上的训练样本数据集 $\{\Phi(\boldsymbol{x}_1), \Phi(\boldsymbol{x}_2), \cdots, \Phi(\boldsymbol{x}_L)\}$ 所张成的空间上。因此，$\boldsymbol{w}^{\Phi}$ 可以表示如下：

$$\boldsymbol{w}^{\Phi} = \sum_{i=1}^{L} v_i \Phi(\boldsymbol{x}_i), \tag{6.12}$$

进一步，可得

$$(\boldsymbol{w}^{\Phi})^{\mathrm{T}}\boldsymbol{m}_Y^{\Phi} = \frac{1}{L_Y}\sum_{j=1}^{L}\sum_{i=1}^{L_Y}v_j\langle\Phi(\boldsymbol{x}_j),\Phi(\boldsymbol{x}_i^Y)\rangle$$

$$= \frac{1}{L_Y}\sum_{j=1}^{L}\sum_{i=1}^{L_Y}v_j\mathrm{k}(\boldsymbol{x}_j,\boldsymbol{x}_i^Y) = \boldsymbol{v}^{\mathrm{T}}\boldsymbol{k}_Y, \forall Y\in\{0,1\}, \tag{6.13}$$

式中，$\boldsymbol{x}_i^Y, Y\in\{0,1\}$ 表示原始数据空间上第 i 个感知数据训练样本矢量；L 表示训练样本总数；L_Y 表示条件 $Y\in\{0,1\}$ 下训练样本数目。此外，$\boldsymbol{v} := (v_1,v_2,\cdots,v_L)^{\mathrm{T}}$；$(\boldsymbol{k}_Y)_j := (1/L_Y)\sum_{i=1}^{L_Y}\mathrm{k}(\boldsymbol{x}_j,\boldsymbol{x}_i^Y)$。

把式 (6.12) 和式 (6.13) 代入式 (6.11)，可得特征空间的瑞利系数如下：

$$J(\boldsymbol{v}) := \frac{\boldsymbol{v}^{\mathrm{T}}\widetilde{\boldsymbol{S}}_B\boldsymbol{v}}{\boldsymbol{v}^{\mathrm{T}}\widetilde{\boldsymbol{S}}_W\boldsymbol{v}}, \tag{6.14}$$

式中，$\widetilde{\boldsymbol{S}}_B = (\boldsymbol{k}_1-\boldsymbol{k}_0)(\boldsymbol{k}_1-\boldsymbol{k}_0)^{\mathrm{T}}$；$\widetilde{\boldsymbol{S}}_W = \sum_{Y=0,1}\boldsymbol{K}_Y(\boldsymbol{I}_{L_Y}-\mathbf{1}_{L_Y}\mathbf{1}_{L_Y}^{\mathrm{T}}/L_Y)\boldsymbol{K}_Y^{\mathrm{T}}$；$\boldsymbol{K}_Y$ 是一个大小为 $L\times L_Y$ 的核矩阵，其中第 n 行第 m 列元素为 $(\boldsymbol{K}_Y)_{nm} := \mathrm{k}(\boldsymbol{x}_n,\boldsymbol{x}_m^Y)$。

类似地，核费希尔判别分析的出发点是最大化核特征空间下的瑞利系数，即

$$\boldsymbol{v}^{\text{K-FDA}} = \arg\max_{\boldsymbol{v}}J(\boldsymbol{v}). \tag{6.15}$$

通常情况下，求解如式 (6.15) 所示优化问题需要计算矩阵 $\widetilde{\boldsymbol{S}}_W^{-1}\widetilde{\boldsymbol{S}}_B$ 的主特征向量 (leading eigenvector)。尽管现有研究提供了许多高效的特征值计算方法，但是，当训练样本数 L 足够大时，矩阵 $\widetilde{\boldsymbol{S}}_B$ 和 $\widetilde{\boldsymbol{S}}_W$ 的维度随之增大，并且解向量 $\boldsymbol{v}^{\text{K-FDA}}$ 往往不再稀疏 (即非零元素较多)。针对此问题，一种有效的解决方案是将式 (6.15) 所示优化问题进一步转化为二次凸规划来求解 (详细推导参见文献 [167])。

至此，基于核费希尔判别分析 (kernel FDA) 的授权用户网络检测器可以表示如下：

$$\langle\boldsymbol{w}^{\Phi},\Phi(\boldsymbol{x})\rangle = \sum_{i=1}^{L}v_i^{\text{K-FDA}}\mathrm{k}(\boldsymbol{x}_i,\boldsymbol{x})\underset{Y=0}{\overset{Y=1}{\gtrless}}T_{\text{K-FDA}}, \tag{6.16}$$

式中，$T_{\text{K-FDA}}$ 是一个可调的检测门限。

6.4　面向频谱攻击用户检测的统计核学习算法设计

针对 6.1 节描述的协同频谱感知场景二，即频谱攻击用户检测问题，首先设计基于传统 K 均值聚类 (K-means clustering, KMC) 的算法，然后设计基于核 K 均

值聚类 (kernel K-means clustering, kernel KMC) 的算法。

6.4.1 基于 K 均值聚类的协同频谱感知

在现有聚类方法中，K 均值聚类是最受研究者欢迎的一种，这主要得益于其操作简单且性能往往较好等特点[173-175]。本节主要讨论如何将频谱攻击用户检测问题建模为聚类问题，以及如何应用 K 均值聚类来获得有效的检测方案。

为方便后文分析处理，式 (6.3) 给出的数据模型的矢量形式如下：

$$\boldsymbol{x}_n = \boldsymbol{m}_c + \boldsymbol{v}_n + \boldsymbol{o}_n, \quad n = 1, 2, \cdots, N, \tag{6.17}$$

式中，$\boldsymbol{m}_c$ 表示诚实感知用户数据矢量的质心；$\boldsymbol{v}_n := (v_{n1}, v_{n2}, \cdots, v_{np})^{\mathrm{T}}$ 是一个高斯矢量，刻画的是第 n 个感知用户的数据矢量 $\boldsymbol{x}_n$ 与质心矢量 $\boldsymbol{m}_c$ 的偏差；$\boldsymbol{o}_n := (o_{n1}, o_{n2}, \cdots, o_{np})^{\mathrm{T}}$ 表示攻击数据矢量。这里采用现有研究中一个常见的假设[58,61]：感知用户中诚实用户数目占多数，频谱攻击用户数是比较少的，因此，这里考虑非零攻击数据矢量 $\boldsymbol{o}_n$ 数目不大于 M。

在非零攻击数据矢量 $\boldsymbol{o}_n$ 数目受限的条件下，获得未知的质心矢量和攻击数据矢量 $\{\boldsymbol{m}_c, \boldsymbol{o}_n\}$ 的问题建模为如下的最小二乘 (least square, LS) 优化：

$$\min_{\{\boldsymbol{m}_c, \boldsymbol{o}_n\}} \sum_{n=1}^{N} \|\boldsymbol{x}_n - \boldsymbol{m}_c - \boldsymbol{o}_n\|_2^2, \tag{6.18}$$

$$\text{subject to} \sum_{n=1}^{N} \mathbf{1}_{\{\|\boldsymbol{o}_n\|_2 > 0\}} \leqslant M. \tag{6.19}$$

式 (6.18) 和式 (6.19) 给出的优化问题是一个典型的 NP 难问题 (NP-hard problem)[173]。为有效求解上述问题，下文给出一种实际可行的次优的算法。为便于算法推导，首先，用 l_1 范数 $\|\boldsymbol{o}\|_1 := \sum_{n=1}^{N} \|\boldsymbol{o}_n\|_2$ 来近似替代式 (6.19) 涉及的 l_0 范数 $\|\boldsymbol{o}\|_0 := \sum_{n=1}^{N} \mathbf{1}_{\{\|\boldsymbol{o}_n\|_2 > 0\}}$；然后，通过引入拉格朗日乘子 λ，将式 (6.18) 和式 (6.19) 给出的约束优化问题转化为如下无约束优化问题：

$$\min_{\{\boldsymbol{m}_c, \boldsymbol{o}_n\}} \sum_{n=1}^{N} \|\boldsymbol{x}_n - \boldsymbol{m}_c - \boldsymbol{o}_n\|_2^2 + \lambda \sum_{n=1}^{N} \|\boldsymbol{o}_n\|_2. \tag{6.20}$$

至此，式 (6.20) 给出的无约束优化问题中优化目标函数相对于质心矢量 $\boldsymbol{m}_c$ 和攻击数据矢量 $\boldsymbol{o}_n, n = 1, 2, \cdots, N$ 均是凸函数，然而，相对于联合 $\{\boldsymbol{m}_c, \boldsymbol{o}_n\}$ 不是

凸函数。考虑到上述问题中的单变量凸性，本书利用交替方向乘子法 (alternating direction method of multipliers, ADMM)[140] 来进行算法推导，忽略具体的数学推导，可得表 6.2 所示的算法。

表 6.2　基于 K 均值聚类 (KMC) 的频谱攻击用户检测算法

算法：基于 K 均值聚类 (KMC) 的频谱攻击用户检测

1: **初始化**：输入感知数据矩阵 $\boldsymbol{X} := [\boldsymbol{x}_1, \boldsymbol{x}_2, \cdots, \boldsymbol{x}_N]$，通过文献 [176] 中提到的格型搜索算法设置拉格朗日乘子 λ，使其满足 $\sum\limits_{n=1}^{N} \mathbf{1}_{\{||\boldsymbol{o}_n^{(t)}||_2 > 0\}} \leqslant M$，初始化攻击数据分量为 $\boldsymbol{O}^{(0)} := [\boldsymbol{o}_1^{(0)}, \boldsymbol{o}_2^{(0)}, \cdots, \boldsymbol{o}_N^{(0)}]$，令 t 表示迭代次数。

2: **For** $t = 1 : T$

3:　　//步骤 S1：更新大小为 $p \times 1$ 的质心 $\boldsymbol{M}^{(t)}$

4:　　$\boldsymbol{M}^{(t)} = (\boldsymbol{X} - \boldsymbol{O}^{(t-1)})\mathbf{1}_N / N = \boldsymbol{m}_c^{(t)}$

5:　　//步骤 S2：更新大小为 $p \times N$ 的攻击数据 $\boldsymbol{O}^{(t)}$

6:　　$\boldsymbol{r}_n^{(t)} := \boldsymbol{x}_n - \boldsymbol{m}_c^{(t)}, \forall n = 1, 2, \cdots, N$

7:　　$\boldsymbol{o}_n^{(t)} = \max\left\{ \boldsymbol{r}_n^{(t)}\left[1 - \dfrac{\lambda}{2||\boldsymbol{r}_n^{(t)}||_2}\right], \mathbf{0}_p \right\}$

8: **End For**

9: 检测恶意用户

10: **For** $n = 1 : N$

11:　　如果有 $\mathbf{1}_{\{||\boldsymbol{o}_n^{(T)}||_2 > 0\}} = 1$，则判定第 n 个感知用户为频谱攻击用户；

12:　　如果有 $\mathbf{1}_{\{||\boldsymbol{o}_n^{(t)}||_2 > 0\}} = 0$，则判定第 n 个感知用户为诚实感知用户。

13: **End For**

注意到，上述算法中第一个 For 循环在第 T 次迭代时终止，终止条件为 $||\boldsymbol{M}^{(t)} - \boldsymbol{M}^{(t-1)}||_F / ||\boldsymbol{M}^{(t)}||_F \leqslant \epsilon_s$，$\epsilon_s$ 通常取 10^{-6}。

6.4.2　基于核 K 均值聚类的协同频谱感知

通过观察式 (6.18) 和式 (6.20) 可知，在 6.4.1 节设计 K 均值聚类 (KMC) 算法中，算法推导的出发点是在最小二乘优化中把欧几里得距离 (Euclidean distance) 作为相似性度量 (similarity measure)。因此，KMC 算法适合于数据矢量在空间上呈现球形分布，且线性易分的情况。然而，在本章考虑的频谱攻击用户检测问题中，p 维感知数据矢量集合 $\boldsymbol{X} := \{\boldsymbol{x}_1, \boldsymbol{x}_2, \cdots, \boldsymbol{x}_N\}$ 往往既不是标准的 (圆) 球形分布，也不易进行线性区分。

以 $p = 2$ 维矢量为例，图 6.3 中示意了连续两个感知周期中各个感知用户收集的数据分布情况，可以看出，来自诚实感知用户的数据以质心矢量 $\boldsymbol{m}_c$ 为中心，呈现的不是标准的圆形分布，这是由于第一个周期 $x_1(\mathcal{H}_1)$ (授权用户信号存在) 和第二个周期 $x_2(\mathcal{H}_0)$ (授权用户信号不存在) 感知数据的分布是异构的，即均值和方差不同 (式 (6.3))。并且，对于来自恶意攻击用户的感知数据，由于非零攻击数据的存在 (式 (6.3))，其分布往往是不规则的，这使得原始数据空间中基于欧氏距离的传统聚类方案 (如 6.4.1 节设计的 K 均值聚类 (KMC) 算法) 的性能往往受限。

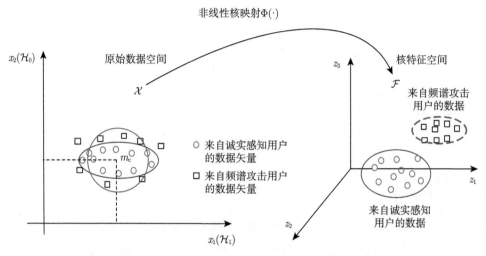

图 6.3　诚实/恶意用户感知数据分布与聚类示意图

鉴于此，设计一种 K 均值聚类 (KMC) 算法的核学习增强算法，如图 6.3 所示，其核心思想是通过非线性核映射 $\Phi: \mathbb{R}^p \mapsto \mathcal{F}$，将原始数据空间 $\mathcal{X}$ 的感知数据矢量 $\boldsymbol{x}_n \in \mathbb{R}^p$ 映射到高维 (甚至可以是无限维) 的特征空间 $\mathcal{F}$，这样处理的好处是原始数据空间 $\mathcal{X}$ 线性不可分的问题到高维特征空间 $\mathcal{F}$ 中更趋于线性可分，从而提升聚类的性能。

基于文献 [164] 中的理论结果可知，在不需要显式地给出非线性核映射 Φ 的具体形式的条件下，通过核函数变换将原始数据空间中涉及的内积运算替换为核运算。具体地，假设存在一个大小为 $N \times N$ 的矩阵 $\boldsymbol{A}$，使得 $p \times N$ 的攻击数据矩阵满足 $\boldsymbol{O} = \boldsymbol{X}\boldsymbol{A}$，其中 $\boldsymbol{X} := [\boldsymbol{x}_1, \boldsymbol{x}_2, \cdots, \boldsymbol{x}_N]$ 是大小为 $p \times N$ 感知数据矩阵。在此基础上，大小为 $p \times 1$ 维的质心矩阵可以表示为 $\boldsymbol{M} = (\boldsymbol{X} - \boldsymbol{O})\boldsymbol{1}_N/N = \boldsymbol{X}\boldsymbol{B}$，其中 $N \times N$ 维的矩阵 $\boldsymbol{B} := (\boldsymbol{I}_N - \boldsymbol{A})\boldsymbol{1}_N/N$。利用交替方向乘子法 (ADMM)[140,172] 来进行算法推导，忽略具体的数学推导过程，可得表 6.3 所示的算法。

表 6.3　基于核 K 均值聚类 (kernel KMC) 的频谱攻击用户检测算法

算法: 基于核 K 均值聚类(kernel KMC) 的频谱攻击用户检测

1: **初始化**: 输入感知数据矩阵 $\boldsymbol{X} := [\boldsymbol{x}_1, \boldsymbol{x}_2, \cdots, \boldsymbol{x}_N]$, 通过格型搜索算法设置拉格朗日乘子 λ, 使其满足 $\sum_{n=1}^{N} \mathbf{1}_{\{||o_n^{(t)}||_2 > 0\}} \leqslant M$, 计算大小为 $N \times N$ 的核矩阵 $\boldsymbol{K}$, 其第 i 行第 j 列的元素为 $K_{i,j} := \mathrm{k}(\boldsymbol{x}_i, \boldsymbol{x}_j)$, 初始化 $\boldsymbol{A}^{(0)}$ 为 $\mathbf{0}$, 令 t 表示迭代次数.

2: **For** $t = 1 : T$

3:　　//步骤 S1: 更新大小为 $p \times 1$ 的质心 $\boldsymbol{M}^{(t)}$

4:　　更新矩阵 $\boldsymbol{B}^{(t)} = (\boldsymbol{I}_N - \boldsymbol{A}^{(t-1)})\mathbf{1}_N / N$

5:　　计算 $\boldsymbol{M}^{(t)} = \boldsymbol{X}\boldsymbol{B}^{(t)}$

6:　　//步骤 S2: 更新大小为 $p \times N$ 的攻击数据 $\boldsymbol{O}^{(t)}$

7:　　更新矩阵 $\boldsymbol{\Delta}^{(t)} = \boldsymbol{I}_N - \boldsymbol{B}^{(t)}(\mathbf{1}_N)^{\mathrm{T}}$, 矩阵 $\boldsymbol{\Delta}^{(t)}$ 的第 n 列记为 $\boldsymbol{\Gamma}_n^{(t)}$

8:　　更新矩阵 $\boldsymbol{A}^{(t)}$, 矩阵 $\boldsymbol{A}^{(t)}$ 的第 n 列为 $\boldsymbol{a}_n^{(t)} = \max\left\{\boldsymbol{\Gamma}_n^{(t)}\left[1 - \dfrac{\lambda}{2||\boldsymbol{\Gamma}_n^{(t)}||_K}\right], \mathbf{0}_p\right\}$

9:　　计算 $\boldsymbol{O}^{(t)} = \boldsymbol{X}\boldsymbol{A}^{(t)}$, $\boldsymbol{O}^{(T)}$ 的第 n 列记为 $\boldsymbol{o}_n^{(T)}$

10: **End For**

11: 检测恶意用户

12: **For** $n = 1 : N$

13:　　如果有 $\mathbf{1}_{\{||o_n^{(T)}||_2 > 0\}} = 1$, 则判定第 n 个感知用户为频谱攻击用户;

14:　　如果有 $\mathbf{1}_{\{||o_n^{(T)}||_2 > 0\}} = 0$, 则判定第 n 个感知用户为诚实感知用户.

15: **End For**

注意到, 不同于表 6.2 给出的 K 均值聚类 (KMC) 算法, 表 6.3 给出的核 K 均值聚类 (kernel KMC) 算法的主要计算量决定于第 8 行涉及的核矩阵运算, 即 $||\boldsymbol{\Gamma}_n^{(t)}||_K := \sqrt{(\boldsymbol{\Gamma}_n^{(t)})^{\mathrm{T}}\boldsymbol{K}\boldsymbol{\Gamma}_n^{(t)}}$. 为了尽可能公平地对两个算法进行比较, kernel KMC 算法的迭代终止条件同样设置为 $||\boldsymbol{M}^{(t)} - \boldsymbol{M}^{(t-1)}||_{\mathrm{F}} / ||\boldsymbol{M}^{(t)}||_{\mathrm{F}} \leqslant \epsilon_s, \epsilon_s$ 取 10^{-6}.

6.5　结果与分析

6.5.1　授权用户网络检测的仿真参数设置

针对 6.1.1 小节描述的授权用户网络检测场景, 仿真中考虑一个认知用户 CU 位于坐标原点, 在发送信号之前, 该认知用户首先通过频谱感知来检测其通信区域 A 内是否存在授权用户接收机 PRx, 以避免对其造成干扰. 检测区域 A 为以该认知用户 CU 为中心、半径为 300m 的一个圆盘区域. $N_{\mathrm{cs}} = 4$ 个合作感知用户分别位于距离原点 100m、200m、300m 和 400m 的位置. 以原点为中心, 授权用户发射机 PTx 的分布服从同构的泊松点过程, 其密度为 10^{-5} 个/m^2. 每个授权用户接收机 PRx 随机分布在以授权用户发射机 PTx 为中心、半径为 150m 的圆盘区域内。考虑一个带宽为 10MHz 的信道，感知时间为 10μs，噪声功率谱密度为 −174dBm。仿真中对比 3 种方案的检测性能：

(1) 线性等增益合并 (linear equal coefficient combining, linear ECC) 方案[63]；

(2) 线性费希尔判别分析 (linear Fisher discriminant analysis, linear FDA) 方案[35]；

(3) 核费希尔判别分析 (kernel Fisher discriminant analysis, kernel FDA) 方案。在本章设计的 kernel FDA 中，使用的是高斯核函数，核参数 σ^2 取值为训练样本集 $[\boldsymbol{x}_1, \boldsymbol{x}_2, \cdots, \boldsymbol{x}_L]$ 的方差估计。

6.5.2 授权用户网络检测的算法性能分析

1. 检测性能分析

图 6.4 给出不同方案下的接收机工作特性 (receiver operating characteristic, ROC) 曲线的对比结果。从图中可以看出：

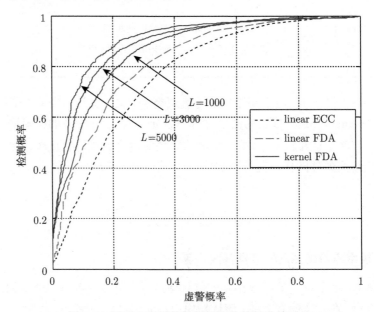

图 6.4　不同方案下的接收机工作特性曲线对比

给定虚警概率的情况下，本章所提的核费希尔判别分析 kernel FDA 方案可以获得比传统线性融合方案 linear ECC 和 linear FDA 更高的检测概率，且所提 kernel FDA 方案的性能随着训练样本数目 L 的增大而逐渐提高。可以想象，6.3.1

节介绍的最优似然比检测器 LRT 可以获得比本章所提 kernel FDA 方案更好的检测性能，然而，考虑到最优似然比检测器涉及多重积分，难以写出闭合表达式，不便于实现等因素，本章所提 kernel FDA 方案是一种实际应用中较为理想的选择。

2. 复杂度分析

基于式 (6.7) 和式 (6.10) 可知，linear FDA 的计算复杂度为 $\mathcal{O}(N_{cs}^3)$，存储复杂度为 $\mathcal{O}(N_{cs}^2)$，其中 N_{cs} 表示合作感知用户的个数；基于式 (6.15) 和式 (6.16) 可知，kernel FDA 计算复杂度为 $\mathcal{O}(L^3)$，存储复杂度为 $\mathcal{O}(L^2)$，其中 L 表示训练样本的个数。注意到，实际算法实现中，为了获取更好的检测性能，通常需要 $L \gg N_{cs}$。因此，相比于线性处理技术，非线性 kernel FDA 往往以计算和存储复杂度为代价来获取更好的检测性能。

6.5.3　频谱攻击用户检测的仿真参数设置

针对 6.1.2 小节描述的频谱攻击用户检测场景，仿真中考虑 $N = 10$ 个感知用户，其中 $M = 2$ 个为频谱攻击用户，剩余 8 个为诚实感知用户，频谱攻击用户以一定的攻击强度伪造其感知数据，意图误导融合中心对频谱状态作出错误判定。仿真中，核参数的选择对于核学习算法的性能是很重要的，如何确定最优核参数还是一个开放性的研究方向[165−167]。针对平稳或准平稳网络环境，核参数通常在训练过程中通过穷搜索或交叉检验的方式来确定。在本仿真中，使用的是高斯核函数，核参数 σ^2 设为整个数据集 $\boldsymbol{X}$ 的方差估计。

6.5.4　频谱攻击用户检测的算法性能分析

1. 检测性能分析

图 6.5 为 K 均值聚类 (KMC) 和核 K 均值聚类 (kernel KMC) 两个算法在频谱攻击用户检测问题下的性能对比。图 6.5 中横轴表示攻击数据强度，纵轴中第一类错判概率 P_{md} 表示频谱攻击用户被错误地判定为诚实感知用户的概率，第二类错判概率 P_{fa} 表示诚实感知用户被错误地判定为频谱攻击用户的概率。

从图 6.5 中可以看出：

(1) 两种聚类算法的错判概率均随着感知数据矢量维度 p 的增大而降低，均随着攻击强度的增大而降低；

(2) 同等条件下，核 K 均值聚类 (kernel KMC) 算法比传统 K 均值聚类 (KMC) 具有更小的错判概率，即更好的检测性能，这主要得益于前者针对线性不易分的聚类问题处理能力更强，划分的准确率更高。

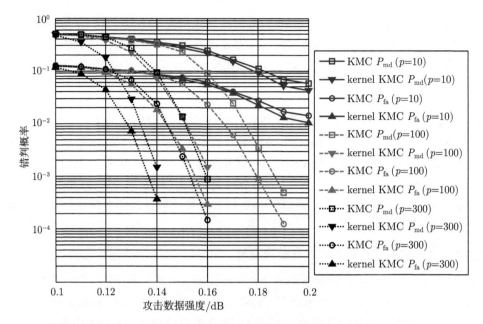

图 6.5　不同攻击强度条件下两种聚类方案的检测性能比较

2. 复杂度分析

通过分析可知，对于 K 均值聚类 (KMC) 算法 (表 6.2)，每次迭代需要进行的标量计算复杂度为 $\mathcal{O}(Np)$，需要存储复杂度为 $\mathcal{O}(Np)$；对于核 K 均值聚类 (kernel KMC) 算法 (表 6.3)，计算核矩阵 K 时需要设计大小为 $p \times N$ 的感知数据矩阵 X，而最终的质心矩阵 M 和攻击数据分量矩阵 O 均在 For 循环迭代之外进行，因此，每次迭代需要的计算复杂度和存储复杂度分别为 $\mathcal{O}(N^3)$ 和 $\mathcal{O}(N^2)$。因此，在高维数据条件下 (如图 6.5 中 $p = 300 > N^2 = 10^2$)，核 K 均值聚类 (kernel KMC) 算法不仅提升了检测性能，而且降低了计算和存储开销。

6.6　开放性研究方向

以面向授权用户网络检测的核费希尔判别分析和面向频谱攻击用户检测的核聚类分析两个典型应用为例，论证了核学习理论方法在非性频谱数据统计处理问题上的性能优势。在上述两个典型应用之外，核学习理论将在信号分类识别和频谱状态预测等开放性话题上取得新的进展。

6.6.1 面向稳健信号分类识别的核学习理论方法

面向稳健的信号分类识别的核监督/核无监督学习是一个前景广阔的研究方向。在文献 [177] 中，作者通过使用一种有效的核监督学习方法——支持向量机 (support vector machine, SVM) 来分析用户的多维无线射频指纹，达到识别无线网络中的合法用户与违法用户的目的。文献 [55] 中，作者使用传统无监督学习方法 K 均值聚类和自组织图 (self-organizing map, SOM) 来区分授权用户和未授权用户，其中一个基本的假设是用于区分的信号统计量线性可分。然而，实际中，这个假设往往过于理想。在基于核 K 均值聚类[172] 和核自组织图[178] 的最新理论进展中，上述假设可以被放宽，且有望获得更好的识别性能。

6.6.2 面向在线频谱状态预测的核学习理论方法

国内外频谱实测数据分析表明[69-73]：任何一个频谱数据都不是孤立存在的，在时间、频率、空间各个维度上具有密切的相关性。充分地建模、分析、挖掘、利用这些内在的相关性进行频谱预测，将有助于克服硬件处理速度、设备成本、网络部署代价等限制造成的数据样本的稀疏性。不同于现有大多数频谱预测算法[77]，核在线学习 (online learning with kernels)[169,179-181] 提供了强大的数学工具来处理非平稳、非线性、高维和在线预测问题。

6.7 本 章 小 结

本章针对现有线性协同频谱感知研究中存在的检测结果不准确这个技术挑战，研究了面向频谱数据非线性统计处理的核学习理论，主要工作和创新点包括：

(1) 从协同频谱感知中的两个典型应用 (即授权用户网络检测和频谱攻击用户检测) 出发，分别建立了对应的系统模型，并对两个典型应用面临的技术问题进行数学描述。

(2) 针对授权用户网络检测问题，首先从似然比出发给出了最优检测方案，然后考虑到实现的复杂度，分别设计了基于线性费希尔判别分析的协同频谱感知方案和基于非线性 (核) 费希尔判别分析的协同频谱感知方案，并通过仿真验证了后者的有效性。

(3) 针对频谱攻击用户检测，分别设计了基于 K 均值聚类的协同频谱感知算法和基于核 K 均值聚类的协同频谱感知算法，并通过仿真验证了后者的有效性。

(4) 结合核学习相关理论的最新研究动态，指出核学习理论将在信号分类识别、频谱状态预测等开放性话题上取得新的进展。

第7章 群智的地理频谱数据挖掘

人人为我，我为人人。

——大仲马

本章研究移动群智频谱感知驱动的地理频谱数据库构建中涉及的频谱数据统计学习理论与方法。如图 7.1 所示，现有地理频谱数据库的基本工作原理是[110]：一个中心数据库通过融合授权设备信息、未授权设备信息、环境信息、信号传播模型，来计算给定时刻给定空间位置处的可用频谱信息；具有用频需求的未授权设备通过 (互联网) 查询该中心数据库，即可获得可用频谱信息。注意到，现有研究主要是基于信号传播模型的，其精度依赖于传播模型的选择和地形数据的精度[117,118]。

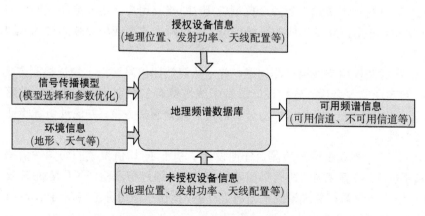

图 7.1　现有地理频谱数据库基本工作原理框图

不同于现有的基于信号传播模型的地理频谱数据库, 本章探索研究群智感知数据驱动的地理频谱数据库, 旨在更加精细地利用电视白空间 (TVWS)① 供终端直通 (device-to-device, D2D) 使用, 这主要启发于如下观察:

(1) 无论从技术还是从商业角度来看, 在蜂窝网络里使用 TVWS 给 D2D 通信是非常有前景的。正如一个盛满岩石的容器里仍然有空间容纳沙子, 没有被大尺度 DTV(上百千米) 覆盖的空间区域可以给小尺度的 D2D 通信 (几米到几百米) 提供空域复用机会。此外, 相比于 2.4GHz 和 5GHz 频段来讲, 电视 TV 频段良好的传播特性可以使得 D2D 设备以较小的功率获得更高的传输效率。此外, 利用现有蜂窝网络基础架构, 运营商在不需要部署新的网络设施的情况下可以利用 TVWS 为更多用户提供更好的服务。

(2) 考虑到阴影效应的双面性, 未授权设备在 TVWS 的空域复用机会比人们当前意识到的更多。注意到, 阴影衰落在阻碍频谱机会可靠检测的同时带来了增加大尺度授权用户 (如电视发射机) 与小尺度未授权用户 (如终端直通 D2D 链路) 之间频谱空间复用的机会。特别地, 通过观察 FCC 和 Ofcom 近期公开的 DTV 信号覆盖图 7.2(a) 发现: 对于某一给定的 DTV 发射机, 由于信号传播的衰减和障碍物遮挡造成的阴影, 其覆盖形状并不是文献中常用的圆盘, 而是不规则的, 存在大量的空域覆盖空洞。传统地, 阴影效应被认为是频谱空洞或频谱机会检测的主要障碍[19]。然而, 从空域复用的角度来看, 阴影效应增加了大尺度授权用户 (如电视发射机) 与小尺度未授权用户 (如终端直通 D2D 链路) 之间的分离程度, 增加了本地频谱使用的灵活性, 为 D2D 通信提供了更多的空域复用机会。

(3) 与当前的基于模型的地理频谱数据库不同, 群智感知数据驱动的地理频谱数据库提供了一种新的方法来更加精细地发现 TVWS。随着个人便携无线设备 (如智能手机、平板电脑和车载无线设备) 的普及与功能的日益强大, 这些设备配置了大量的传感器, 并逐步具备可编程和可重配置能力。因此, 利用这些设备采集频谱数据, 积少成多, 可以形成频谱大数据 (big spectrum data), 进一步通过有效的数据挖掘, 有望实现数据驱动的地理频谱数据库, 可以作为基于复杂信号传播模型的地理频谱数据库方案的有效补充。

---

① TVWS 指的是在某一特定地点特定时刻没有授权用户使用的电视频段[182], 又被称为 "数字红利"(digital dividend)[101], 主要是由于电视广播信号由模拟制式转向数字制式的过程中带来的。在制式转变之后, 大量的电视频段 (如美国的 512~608MHz 频段和 614~698MHz 频段, 英国的 470~550MHz 频段和 614~782MHz 频段) 被释放出来供未授权设备使用, 前提是不干扰到仍在工作的授权设备的正常通信。释放出来的电视频段受到了广泛的关注, 主要是由于其良好的信号传播和障碍物穿透特性。

7.1 系 统 模 型

7.1.1 网络场景与信号模型

如图 7.2 所示，本章考虑蜂窝网络与数字电视 (digital TV, DTV) 广播网络共享同一电视频段这一场景。高功率的 DTV 发射机具有半径长达上百千米的一个广阔的空间覆盖区域，被动的 DTV 接收机可能分布在该区域内的任何位置。相同区域内，大量的互相连通的蜂窝小区组成了蜂窝移动通信网络。每个小区的中心位置部署一个蜂窝基站 (cell base station, CBS)，大量的移动设备 (如智能手机、平板电脑、车载无线平台等) 环绕蜂窝基站随机分布。移动设备有 2 种通信模式：

(1) 与基站直接通信或通过基站中继实现设备间通信。

(2) 不通过基站直接实现设备间通信，即设备直通 D2D。第二种模式是未来无线通信中非常有前景的技术之一，因为距离邻近的设备直通 D2D 可以提高空域频谱复用、增强覆盖能力、缓解基站负载压力、降低系统和终端能耗等。

一般地，无线通信信道可以建模为一个多尺度动态过程[118]，包括大尺度路径损耗 L (主要取决于收发信机距离)、中尺度阴影 S (主要来自固定障碍物的阻挡)、小尺度衰落 F (主要取决于多径效应和物体散射)。考虑位置点 z 处的发射功率为 P_z，则位置点 x 处的接收功率可以表示为

$$P_{z \to x}[\text{dB}] = P_z - (L_{z \to x} + S_{z \to x} + F_{z \to x}), \tag{7.1}$$

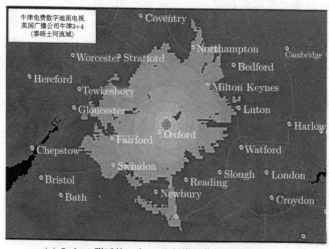

(a) Oxford 附近的一个 TV 发射塔的信号实际覆盖图

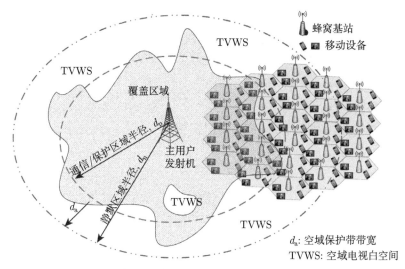

(b) 蜂窝网络与数字电视广播网络共存场景图

图 7.2　网络模型

现有研究表明[63]，在没有理想信道环境信息 (如地形、障碍物的尺寸、移动物体的速度等) 条件下，准确地预测小尺度衰落 F 是很困难的。在大多数研究中，小尺度衰落 F 可以通过概率分布 (如 Rayleigh, Rician 或 m-Nakagami 分布等) 来刻画。据文献 [118]，对于宽带电视信道 (如在美国为 6MHz，在英国为 8MHz) 来说，小尺度衰落 F 的影响通常可以通过多次测量的平均来考虑。因此，信号传播模型主要可以用来预测大尺度路径损耗 L 和中尺度阴影 S。具体到信号传播建模，现有文献中提出了数十种方法，归结起来，主要分为两类：

(1) 确定性传播模型。这种模型一般基于输入收发信机参数，直接输出确定性的信道损耗，代表性的例子是 L-R 不规则地形模型 (longley-rice irregular terrain model)[183]，该模型综合考虑了许多因素，如收发信机天线高度、地理位置、地表形状、气候影响、土壤传导性、地表曲率等[110]。该模型的主要缺陷在于其巨大的计算复杂度。

(2) 统计性传播模型。国际电信联盟的 ITU-R 模型[71] 是该类模型的一个典型代表，在此类模型中，所有传输都被建模为全向的，那么衡量传播损耗的主要因素取决于收发信机之间的距离。这种模型从统计的角度进行了模型简化，便于理论分析，其主要缺陷在于难以有效地反映地表不平、障碍物阻挡等造成的无线信号覆盖强度分布不规则这一物理现象。

采用一种混合的信号传播模型，该模型包括确定性传播分量和随机性传播分

量两部分。文献 [117] 给出确定性传播分量表示为

$$L_{\boldsymbol{z}\to\boldsymbol{x}} = 10\alpha\lg(d_{\boldsymbol{z}\to\boldsymbol{x}}) + 20\lg(f) + 32.45, \tag{7.2}$$

式中，α 表示路径损耗指数，取值与具体信道环境有关[183,184]；$d_{\boldsymbol{z}\to\boldsymbol{x}}$ 表示发射机与接收机之间的距离，km；f 表示感兴趣 TV 信道的中心频率，GHz。

随机性传播分量建模为如下高斯随机变量：

$$S_{\boldsymbol{z}\to\boldsymbol{x}} \sim \mathcal{N}(\bar{S}_{\boldsymbol{z}\to\boldsymbol{x}}, \sigma_{S_{\boldsymbol{z}\to\boldsymbol{x}}}^2), \tag{7.3}$$

式中，平均阴影损耗 $\bar{S}_{\boldsymbol{z}\to\boldsymbol{x}}$ 是与环境 (主要是收发信机的位置) 密切相关的，其取值可从 0 到数十分贝，标准差 $\sigma_{S_{\boldsymbol{z}\to\boldsymbol{x}}}$ 对应阴影扩展 (shadowing spread)，dB。

7.1.2 授权用户信号覆盖模型

定义 7.1　令 $P_{\min}$ 表示授权用户接收机可以正确译码授权用户发射机的信号的最小接收功率，则相对于位置点 $\boldsymbol{x}_0$ 处的授权用户发射机，位置点 $\boldsymbol{x}$ 处的授权用户接收机的位置覆盖概率 (location coverage probability) 定义为

$$\Pr_{\boldsymbol{x}_0\to\boldsymbol{x}}^{\mathrm{cov}} \triangleq \Pr\{P_{\boldsymbol{x}_0\to\boldsymbol{x}} \geqslant P_{\min}\} = Q\left(\frac{P_{\min} - \bar{P}_{\boldsymbol{x}_0\to\boldsymbol{x}}}{\sigma_{S_{\boldsymbol{x}_0\to\boldsymbol{x}}}}\right), \tag{7.4}$$

式中，$Q(\cdot)$ 表示标准的高斯尾函数 (又称 Q 函数)。$\bar{P}_{\boldsymbol{x}_0\to\boldsymbol{x}} = P_{\boldsymbol{x}_0} - L_{\boldsymbol{x}_0\to\boldsymbol{x}} - \bar{S}_{\boldsymbol{x}_0\to\boldsymbol{x}}$ 表示位置点 $\boldsymbol{x}$ 处的平均接收功率。

定义 7.2　对于一个感兴趣的区域 $\mathcal{A}$，令 ν_{cov} 表示位置覆盖阈值，位置点 $\boldsymbol{x}_0$ 处的授权用户发射机的覆盖区域可以定义为所有覆盖位置的集合，即

$$\mathcal{A}_{\boldsymbol{x}_0}^{\mathrm{cov}} = \{\boldsymbol{x} | \Pr_{\boldsymbol{x}_0\to\boldsymbol{x}}^{\mathrm{cov}} \geqslant \nu_{\mathrm{cov}}, \forall \boldsymbol{x} \in \mathcal{A}\}, \tag{7.5}$$

或者，等价地，

$$\mathcal{A}_{\boldsymbol{x}_0}^{\mathrm{cov}} = \{\boldsymbol{x} | \bar{P}_{\boldsymbol{x}_0\to\boldsymbol{x}} \geqslant \bar{P}_{\min}, \forall \boldsymbol{x} \in \mathcal{A}\}, \tag{7.6}$$

式中，$\bar{P}_{\min} = P_{\min} - \sigma_{s_{\boldsymbol{x}_0\to\boldsymbol{x}}} Q^{-1}(\nu_{\mathrm{cov}})$。

相反，没有被覆盖的区域为相应的电视白空间，即有

$$\mathcal{A}_{\boldsymbol{x}_0}^{\mathrm{TVWS}} = \{\boldsymbol{x} | \bar{P}_{\boldsymbol{x}_0\to\boldsymbol{x}} < \bar{P}_{\min}, \forall \boldsymbol{x} \in \mathcal{A}\}. \tag{7.7}$$

注释 7.1　传统地，为了方便分析，DTV 的覆盖区域通常被简化为以该发射机为圆心的一个圆盘区域。例如，在文献 [185] 中，阴影分量 $S_{\boldsymbol{x}_0\to\boldsymbol{x}}, \forall \boldsymbol{x} \in \mathcal{A}$ 的效

应被忽略掉，仅考虑与距离相关的大尺度路径损耗。在文献 [147] 中，阴影分量被建模为均值 $\bar{S}_{\boldsymbol{x}_0 \to \boldsymbol{x}}, \forall \boldsymbol{x} \in \mathcal{A}$ 处处为 0 的高斯随机变量。然而，实际中，发射机的覆盖区域真实边界应该是不规则的，这主要是由与位置相关的阴影效应造成的，这些阴影来自自然形成的起伏不平的地表和人造的各类建筑物等。当我们考虑小尺度的 D2D 通信与大尺度的 DTV 通信同频共存问题时，这种阴影效应可以带来空域复用机会，因此，不应该被简化或忽略。

注释 7.2　相比于传统的圆盘覆盖模型，在信号模型中考虑与位置相关的阴影效应至少具有如下两个优点：

(1) 为小尺度的 D2D 通信提供更多的空域复用机会，如图 7.2 网络模型所示，由于与位置相关的阴影效应的存在，在传统的圆盘覆盖区域的边界处甚至内部，均存在没有被授权用户发射机信号覆盖的区域，在这些区域内，授权用户接收机由于接收信号强度过弱而无法正常工作，这正好为小尺度的 D2D 通信提供了频谱空洞 (spectrum hole) 或电视白空间。

(2) 为覆盖边界处的授权用户接收机提供更好的干扰保护，如图 7.2 网络模型所示，考虑实际中与位置相关的阴影效应，在传统的圆盘覆盖区域的边界外，仍然存在授权用户接收机可以正常工作的区域，现有研究中这些区域内的授权用户接收机的正常工作难以得到保护。

7.1.3　群智设备信号干扰模型

定义 7.3　令 $I_{\max}$ 表示在授权用户发射机覆盖区域内的任何授权用户接收机的干扰容限阈值，则相对于位置点 $\boldsymbol{x} \in \mathcal{A}_{\boldsymbol{x}_0}^{\mathrm{cov}}$ 处的授权用户接收机，位置点 $\boldsymbol{x}_i$ 处的群智设备的位置干扰概率 (location interference probability) 定义为

$$\mathrm{Pr}_{\boldsymbol{x}_i \to \boldsymbol{x}}^{\mathrm{int}} \triangleq \mathrm{Pr}\{P_{\boldsymbol{x}_i \to \boldsymbol{x}} \geqslant I_{\max}\} = Q\left(\frac{I_{\max} - \bar{P}_{\boldsymbol{x}_i \to \boldsymbol{x}}}{\sigma_{S_{\boldsymbol{x}_i \to \boldsymbol{x}}}}\right), \tag{7.8}$$

式中，$\bar{P}_{\boldsymbol{x}_i \to \boldsymbol{x}} = P_{\boldsymbol{x}_i} - L_{\boldsymbol{x}_i \to \boldsymbol{x}} - \bar{S}_{\boldsymbol{x}_i \to \boldsymbol{x}}$ 表示位置点 $\boldsymbol{x} \in \mathcal{A}_{\boldsymbol{x}_0}^{\mathrm{cov}}$ 处授权用户接收机的平均干扰功率。

定义 7.4　对于一个感兴趣的区域 $\mathcal{A}$，令 ν_{int} 表示位置干扰阈值，位置点 $\boldsymbol{x}_i$ 处的群智设备的干扰区域可以定义为所有超出干扰阈值的位置点的集合，即

$$\mathcal{A}_{\boldsymbol{x}_i}^{\mathrm{int}} = \{\boldsymbol{x} \,|\, \mathrm{Pr}_{\boldsymbol{x}_i \to \boldsymbol{x}}^{\mathrm{int}} \geqslant \nu_{\mathrm{int}}, \forall \boldsymbol{x} \in \mathcal{A}_{\boldsymbol{x}_0}^{\mathrm{cov}}\}, \tag{7.9}$$

或者，等价地，

$$\mathcal{A}_{\boldsymbol{x}_i}^{\mathrm{int}} = \{\boldsymbol{x} \,|\, \bar{P}_{\boldsymbol{x}_i \to \boldsymbol{x}} \geqslant I_{\max} - \sigma_{S_{\boldsymbol{x}_i \to \boldsymbol{x}}} Q^{-1}(\nu_{\mathrm{int}}), \forall \boldsymbol{x} \in \mathcal{A}_{\boldsymbol{x}_0}^{\mathrm{cov}}\}, \tag{7.10}$$

进一步，等价为

$$\mathcal{A}_{\boldsymbol{x}_i}^{\mathrm{int}} = \{\boldsymbol{x}|P_{\boldsymbol{x}_i} \geqslant I_{\max,\boldsymbol{x}_i\to\boldsymbol{x}}, \forall \boldsymbol{x} \in \mathcal{A}_{\boldsymbol{x}_0}^{\mathrm{cov}}\}, \tag{7.11}$$

式中，$I_{\max,\boldsymbol{x}_i\to\boldsymbol{x}} = I_{\max} - \sigma_{S_{\boldsymbol{x}_i\to\boldsymbol{x}}} Q^{-1}(\nu_{\mathrm{int}}) + L_{\boldsymbol{x}_i\to\boldsymbol{x}} + \bar{S}_{\boldsymbol{x}_i\to\boldsymbol{x}}$。

注释 7.3　类似于授权用户覆盖区域，未授权用户的干扰区域真实边界形状也是不规则的，这主要是由与位置相关的阴影效应 $\bar{S}_{\boldsymbol{x}_i\to\boldsymbol{x}}, \forall \boldsymbol{x} \in \mathcal{A}_{\boldsymbol{x}_0}^{\mathrm{cov}}$ 造成的。

注释 7.4　对群智设备来讲，由于授权用户接收机位置的先验信息通常是未知的，因此，通常采用一个保守的假设[98]：授权用户接收机可能分布在授权用户发射机信号覆盖区域内的每一个位置点。此外，如图 7.2 所示，在现有文献 (如文献 [71, 151] 等) 中，对于任何未授权设备，存在一个静默区域 (no-talk-region，半径为 d_{n})，该区域范围为授权用户通信/受保护区域 (DTV protection region，半径为 d_{p}) 外加一个空域保护带 (keep-out distance，半径为 d_{a})。空域保护带的范围主要取决于授权用户接收机的干扰容限阈值和未授权设备的峰值发射功率。注意到，空域保护带的引入简化了系统设计，但同时造成了严重空域复用机会浪费[16]。

7.2　数学建模与问题分析

7.2.1　异构网络①共存问题建模

在给出的授权用户覆盖模型和未授权设备干扰模型的基础上，我们关心的主要问题是：在一个感兴趣的空间区域 $\mathcal{A}$ 内，任意给定一对 D2D 通信链路，首先判定对这对 D2D 链路来说，是否存在电视白空间？若存在，它有多大？从同频空域复用的角度，上述问题可以表述为：对于一个位置点为 $\boldsymbol{x}_i \in \mathcal{A}$ 的未授权设备，目标是在满足如下两个约束条件的前提下，寻找其最大发射功率 $P_{\boldsymbol{x}_i}^*$：

(1) 该设备硬件可以实现的峰值发射功率；

(2) 对授权用户发射机覆盖区域内所有潜在的授权用户接收机的干扰水平不超过干扰容限阈值。

从数学建模的角度，上述问题可以建模如下：

$$\mathrm{OP1}: \quad P_{\boldsymbol{x}_i}^* = \max P_{\boldsymbol{x}_i}. \tag{7.12}$$

---

① 此处 "异构网络" 指的是授权用户 (DTV) 网络与未授权用户 (D2D) 网络的形态上存在差异，前者拥有频谱的优先使用权，后者只能在满足前者干扰约束的前提下机会地接入频谱。更为广义的 "异构网络" 可以泛指形态上存在差异的网络，如 Macrocell 和 Femtocell 共存的网络是同一制式下的异构网络，WiFi 和蜂窝网则属于不同制式下的异构网络。

受限于:

$$P_{\boldsymbol{x}_i} \leqslant P_{\text{peak}}, \tag{7.13}$$

$$\Pr_{\boldsymbol{x}_i \to \boldsymbol{x}}^{\text{int}} \leqslant \nu_{\text{int}}, \quad \forall \boldsymbol{x} \in \mathcal{A}_{\boldsymbol{x}_0}^{\text{cov}}. \tag{7.14}$$

基于定义 7.3 和定义 7.4, 式 (7.13) 和式 (7.14) 中两个约束条件可以合并如下:

$$P_{\boldsymbol{x}_i} \leqslant \min\{P_{\text{peak}}, I_{\max, \boldsymbol{x}_i \to \boldsymbol{x}}, \forall \boldsymbol{x} \in \mathcal{A}_{\boldsymbol{x}_0}^{\text{cov}}\}. \tag{7.15}$$

如图 7.3 所示, 为了方便后文分析, 此处引入一个概念, 即 "最坏情况下接收机的位置"(worst case DTV receiver position, WCRP): 对于每一个未授权设备, 其对应的 WCRP 是指位于授权用户发射机覆盖区域边界, 且受到该未授权设备干扰最强的位置。基于此, 可以进一步把式 (7.15) 改写为

$$P_{\boldsymbol{x}_i} \leqslant \min\{P_{\text{peak}}, I_{\max, \boldsymbol{x}_i \to \boldsymbol{x}^\dagger}\}, \tag{7.16}$$

式中, $\boldsymbol{x}^\dagger$ 表示位置点为 $\boldsymbol{x}_i \in \mathcal{A}$ 的未授权设备对应的 WCRP。

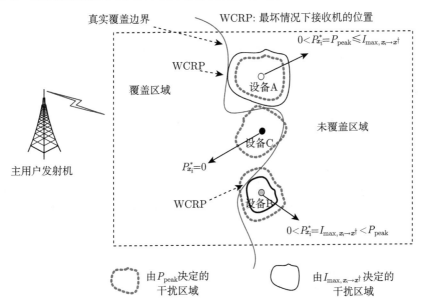

图 7.3　优化问题 OP1 中最优解的示意图

7.2.2 技术挑战分析

直观地，图 7.3 给出不同位置点处未授权设备对应的优化问题 OP1 的最优解示意。注意到，实际中获取最优解是非常困难的，原因如下：

(1) 边界形状的不规则性使得很难通过现有数学工具求得最优解。如果边界简化为如图 7.2 所示的圆形，则基于授权用户发射机定位的方法有望从理论上求得该简化模型下的最优解[147]。然而，实际中，真实的无线信号覆盖边界形状是不规则的，最优解的获得依赖于对无线环境图 (radio environment map, REM)[103] 的精确估计，这对单个设备来说是很难的。

(2) 对于每个设备来说，来自授权用户的严格的干扰限制与有限的频谱测量数据之间存在矛盾。设备之间协同共享频谱测量数据是一种潜在的解决途径[92,93]。然而，设备之间信息交互产生的能量消耗和时延以及部署专门的频谱检测网络的开销使得这种方法的商业可行性仍值得商榷。

(3) 不同位置点的设备的空域复用机会往往是异构的。正如文献 [16] 指出的那样，在给定时刻，不同位置点的设备 (即使互为邻居) 可能具备不同的最大允许发射功率，这使得追求全局统一最优解是不可行的。例如，在图 7.3 中，设备 A/B/C 的最优发射功率依次为 $P_{\boldsymbol{x}_i}^* = P_{\mathrm{peak}}$, $P_{\boldsymbol{x}_i}^* \in (0, P_{\mathrm{peak}})$, $P_{\boldsymbol{x}_i}^* = 0$。

7.3 群智数据统计学习算法设计

7.3.1 移动群智感知驱动的地理频谱数据库

一个主要的想法是在不增加额外网络架构部署的情况下，利用蜂窝网络现有基础设施，来构建一个基于实测频谱数据的地理位置频谱数据库。不同于现有的基于传播模型的数据库模式，所提方案中个人移动便携设备采集大量的与位置相关的频谱数据，每个蜂窝基站收集并处理频谱大数据，并形成局域的频谱数据库，然后为移动便携设备提供频谱服务。考虑到授权用户发射机的空域覆盖是相对静态的，频谱数据的采集可以采用离线和异步的方式进行。进一步，基于收集到的海量频谱数据，可以更加精确地刻画物理层内在的信号传播特性 (包括距离相关的路径损耗和位置相关的阴影)，实现对电视白空间 (TVWS) 更加精细的利用，这将为小尺度的 D2D 通信提供更多的空域复用机会。图 7.4 给出了所提群智地理频谱数据库方案的原理示意图，该方案主要包括 4 个环节：

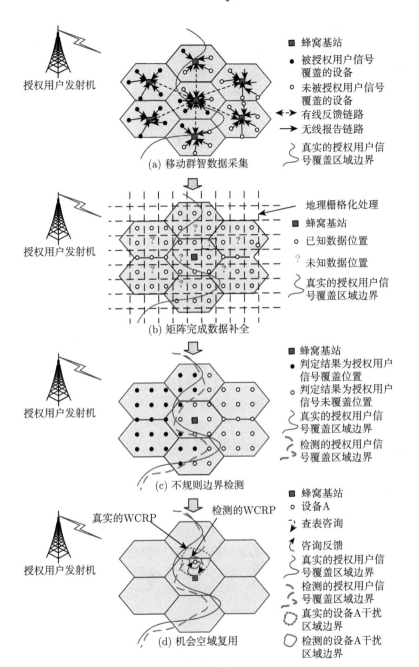

授权用户发射机

■ 蜂窝基站
● 被授权用户信号覆盖的设备
○ 未被授权用户信号覆盖的设备
◄--► 有线反馈链路
━━► 无线报告链路
⌇ 真实的授权用户信号覆盖区域边界

(a) 移动群智数据采集

授权用户发射机

地理栅格化处理
■ 蜂窝基站
○ 已知数据位置
? 未知数据位置
⌇ 真实的授权用户信号覆盖区域边界

(b) 矩阵完成数据补全

授权用户发射机

■ 蜂窝基站
● 判定结果为授权用户信号覆盖位置
○ 判定结果为授权用户信号未覆盖位置
⌇ 真实的授权用户信号覆盖区域边界
⌇ 检测的授权用户信号覆盖区域边界

(c) 不规则边界检测

授权用户发射机

真实的WCRP　检测的WCRP

■ 蜂窝基站
○ 设备A
➤ 查表咨询
↵ 咨询反馈
⌇ 真实的授权用户信号覆盖区域边界
⌇ 检测的授权用户信号覆盖区域边界
⭕ 真实的设备A干扰区域边界
⭕ 检测的设备A干扰区域边界

(d) 机会空域复用

图 7.4　所提地理频谱数据库方案的原理示意图

(1) 移动群智数据采集。该环节主要实现从具有定位功能的移动便携设备处收集与位置相关的频谱测量数据。

(2) 矩阵完成数据补全。该环节主要实现不完整数据补全，即基于空域插值技术，实现由已知频谱测量数据来推理缺少频谱测量数据的位置处的数据。

(3) 不规则边界检测。该环节主要基于补全后的频谱大数据来确定授权用户发射机的覆盖边界。

(4) 机会空域复用。该环节主要实现未授权 D2D 设备与授权 DTV 用户之间的同频空域复用。

7.3.2 群智频谱大数据挖掘

具体介绍所提方案中各个环节的算法设计。

1. 基于移动群智感知的频谱数据采集

通常，频谱数据是通过专门部署的专业频谱测量设备 (如频谱分析仪) 获得的。不同的是，引入一种新颖的数据收集方式，即移动群智感知 (mobile crowd sensing, MCS)[186]，实现从个人移动便携设备 (如智能手机、平板电脑、车载无线设备等) 处收集频谱测量数据。这种方式的主要特点在于：每个设备贡献一部分数据，当设备数足够多时，可以形成一个足够大的数据集。

如图 7.4(a) 所示，在所提的移动群智频谱数据采集方案中，每个设备安装一个"移动应用软件"(mobile app) 来进行频谱数据采集，并通过公共控制信道将采集到的数据 (如接收授权用户信号强度 + 当前地理位置) 上报给附近的蜂窝基站，每个蜂窝基站收集并存储来自各个设备的频谱数据，为后续处理做准备。在该方案中，一些关键的问题分析如下。

1) 个人设备提供数据的激励机制

第一个问题是如何激励个人设备参与频谱测量并提供测量数据，因为参与频谱测量会消耗个人设备的能量和计算资源，且提供的频谱数据带有位置信息，容易暴露个人设备的隐私。一个简单的激励机制可以形象地描述为"我为人人，人人为我"，即提供数据的个人设备可以按照其贡献程度收到有折扣的甚至免费的通信带宽或流量。更多的激励机制，比如基于博弈论、拍卖理论等，可参见文献 [187-189]。

2) 个人设备提供数据的可信程度

第二个问题是如何评估数据的质量，因为这些数据的来源可能是不准确的、不可靠的，甚至是恶意的。不同于专业的频谱测量设备，个人移动便携设备提供的频谱数据的质量往往具有不确定性。一方面，不同生产商、不同型号的个人设备的测量精度和定位精度可能存在差异；另一方面，由于协议的开放性，个人设备很容易受到各种恶意攻击而产生虚假数据。近期，数据质量的问题受到了研究者们的关注。例如，文献 [190] 中，机器学习和数据挖掘领域的研究者分析了一般性的移动群智感知中的数据质量可信性；文献 [62] 设计了一种基于核学习的聚类方案来区分诚实设备和攻击设备；文献 [68] 提出了一种通用异常数据建模方式，并设计了一种异常数据清洗的算法来提高数据质量。

3) 每个蜂窝基站需要哪些数据

另外一个重要的问题是，基于蜂窝网络现有架构，对于每一个蜂窝基站来说，到底它需要收集哪些数据。简单来讲，每个蜂窝基站需要的数据是来自大量个人移动设备的带有位置信息的多维 (包括时间、空间、频率等) 频谱测量值。具体地，考虑时域频谱数据，对于给定频段给定地点，数据可以横跨几天甚至更长时间，并且可以离线异步收集；从频域角度来看，数据包含多个授权频段；从空域角度来看，每个蜂窝基站对应一个关心区域 $\tilde{A}$，如图 7.5 所示，区域 $\tilde{A}$ 包括该基站负责的蜂窝区域和其邻近基站负责的蜂窝区域，区域 $\tilde{A}$ 的边长为

$$L_{\mathrm{C}} = 2(R_{\mathrm{cell}} + r_{\mathrm{int}}), \tag{7.17}$$

式中，R_{cell} 表示蜂窝半径；r_{int} 表示 D2D 链路的干扰半径。注意到，区域 $\tilde{A}$ 的范围 L_{C} 是按照最坏情况 (worst case) 来设计的，考虑的是位于该蜂窝小区边界处的 D2D 链路造成的潜在干扰。为方便分析和处理，考虑区域 $\tilde{A}$ 为 $L_{\mathrm{C}} \times L_{\mathrm{C}}$ 的方形区域。

4) 开销分析

移动群智感知需要个人设备将其收集到的数据上报给蜂窝基站。收集数据的过程中将导致蜂窝网络上行开销。具体地，对于某个给定的小区，在一段时间 T 内，收集到来自 M_{cell} 个移动设备的 N_{cell} 个频谱测量数据，考虑每个数据大小为 B bit，那么，整个小区的平均上行开销为 $\dfrac{N_{\mathrm{cell}} \times B}{T}$ bit/s，每个设备的平均上行开销为 $\dfrac{N_{\mathrm{cell}} \times B}{T \times M_{\mathrm{cell}}}$ bit/s。为降低上行开销，有效的方式是提升 T 和 M_{cell}，降低 N_{cell} 和 B。考虑到授权用户发射机 (DTV 发射塔) 的空域覆盖随时间相对是静态的，因此，小区内的频谱数据可以在相当长的一段时间 T 内 (比如几分钟到几天甚至更长) 以离线、异步的方式来采集。此外，下一节将设计有效的空域差值算法，来实现由已知测量数据推理未知测量数据，这本质上是降低了 N_{cell} 或是增加了 M_{cell}。

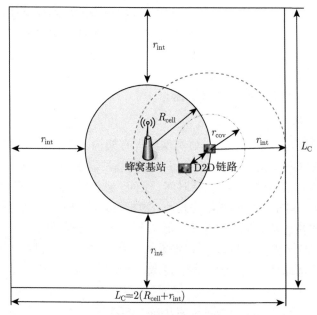

图 7.5　每个蜂窝基站感兴趣的地理区域 $\tilde{\mathcal{A}}$

2. 基于空域稀疏采样的数据补全

在基于移动群智感知的数据采集中,采集到的数据往往与人口的分布、人的活动范围密切相关[191]。因此,某些位置或区域可能缺少可靠的数据样本。空域差值作为一种有效的技术,可以实现由已知测量数据来推理未知测量数据的功能。大多数现有空域差值技术是通过线性加权已知数据来拟合未知数据的,权值的设计往往是启发性的,例如著名的反距离加权 (inverse distance weighting)[192] 和克里金加权 (Kriging weighting)[193] 等。现有研究显示[194],很难说哪一种加权方式表现更加优异,往往不同的具体应用条件下 (如数据的分布、物理意义等) 需要不同的加权方式。

与现有研究不同的是,下文中首次把未知数据恢复/补全建模为矩阵完成问题,并应用一个非常有效的固定点延续算法 (fixed point continuation algorithm, FPCA) 来求解。这种方法的好处在于不需要复杂的权值设计,具有较好的通用性。如图 7.4(b) 所示,每个蜂窝基站把关心区域 $\tilde{\mathcal{A}}$ 进行栅格化。在每个栅格中,如果收集到的可靠频谱数据量足够大,那么这些数据的均值可以被看作当前栅格接收授权用户信号强度的平均值;否则,该栅格将被标注为 "未知"(unknown)。

每个蜂窝基站处的频谱数据集可以建模为大小为 $p \times m$ 的矩阵 $\boldsymbol{M}$,其中元素

$M_{i,j}$ 表示标号为 (i,j) 的栅格处的频谱数据 (即接收授权用户信号强度的平均值)。如前文所述，经过一段时间的数据收集，每个蜂窝基站处往往仅能获得矩阵 $\boldsymbol{M}$ 中元素的子集 $\boldsymbol{E} \subset [p] \times [m]$，具体地，该子集数据定义为

$$M_{i,j}^E = \begin{cases} M_{i,j}, & (i,j) \in \boldsymbol{E} \\ 0, & \text{否则}. \end{cases} \tag{7.18}$$

至此，未测量位置数据补全可以建模为基于已知数据矩阵 $\boldsymbol{M}^E$ 来恢复矩阵 $\boldsymbol{M}$ 中未知元素的问题，具体可建模为如下核模优化问题[195]：

$$\min_{\boldsymbol{M} \in \mathbb{R}^{p \times m}} \tau \|\boldsymbol{M}\|_* + \frac{1}{2} \sum_{(i,j) \in \boldsymbol{E}} |M_{i,j} - M_{i,j}^E|^2, \tag{7.19}$$

式中，$\|\boldsymbol{M}\|_*$ 表示矩阵 $\boldsymbol{M}$ 的核模 (即该矩阵所有奇异值的和)；τ 是一个标量参数，用以权衡式 (7.19) 中相加的两部分。

为有效求解式 (7.19) 中给出的优化问题，引入一个非常有效的固定点延续算法 FPCA。该算法的优势在于它可以快速地实现大规模矩阵完成，其核心步骤在于如下的两步迭代过程：

$$\begin{cases} \boldsymbol{Y}^k = \boldsymbol{M}^k - \Delta \mathcal{P}^*(\mathcal{P}(\boldsymbol{M}^k) - \boldsymbol{M}^E) \\ \boldsymbol{M}^{k+1} = S_{\tau\Delta}(\boldsymbol{Y}^k), \end{cases} \tag{7.20}$$

式中，Δ 表示迭代步长；$\mathcal{P}$ 是一个线性运算符 $\mathcal{P}$，用法如下：

$$\|\mathcal{P}(\boldsymbol{M}) - \boldsymbol{M}^E\|_2^2 = \sum_{(i,j) \in \boldsymbol{E}} |M_{i,j} - M_{i,j}^E|^2. \tag{7.21}$$

式 (7.20) 中，$\mathcal{P}^*$ 表示 $\mathcal{P}$ 伴随矩阵运算符；$S_{\tau\Delta}(\cdot)$ 表示矩阵缩放因子 (matrix shrinkage operator)(详细介绍参见 7.5 节)。

式 (7.20) 中的两个式子反复迭代，终止条件如下：

$$\frac{\|\boldsymbol{M}^{k+1} - \boldsymbol{M}^k\|_F}{\max\{1, \|\boldsymbol{M}^k\|_F\}} \leqslant \beta, \tag{7.22}$$

式中，$\|\cdot\|_F$ 表示矩阵的 Frobenius 模；β 是一个小正数 (例如 10^{-6})。

图 7.6 给出了不同采样率条件下所提方案中数据补全的均方根误差 (root mean squared error, RMSE) 性能。在此仿真中，考虑一种均匀采样的方式，采样率定义为数据矩阵 $\boldsymbol{M}$ 中已知数据占总数据的比例。具体地，均方根误差 RMSE 定义为

$$\text{RMSE[dB]} = 10 \log_{10} \frac{\|\tilde{\boldsymbol{M}} - \boldsymbol{G}\|_2}{\|\boldsymbol{G}\|_2}, \tag{7.23}$$

式中，M 表示所提方案恢复出来的数据矩阵；G 表示真实的频谱数据矩阵，其中元素 $G_{i,j}$ 表示标号为 (i,j) 的栅格中心位置处接收到的授权用户信号强度的平均值。

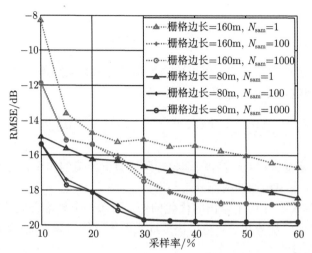

图 7.6　不同采样率条件下频谱数据恢复性能

从图 7.6 中可以看出：

(1) 数据补全的性能 (即均方根误差 RMSE) 随着每个栅格中收集到的数据样本数 N_{sam} 的增加或采样率的增加而降低；

(2) 更小的栅格或更高的空域分辨率下的数据补全性能更好；

(3) 当栅格大小为 80m×80m，采样率不低于 30% 时，数据补全性能 RMSE 接近 −20dB。

计算复杂度分析。上述算法的主要计算复杂度集中于式 (7.20) 中涉及的奇异值分解 (singular value decomposition, SVD) 运算。因此，在算法具体实现时，首先估计矩阵 M 的 r，然后使用秩 r-SVD 来近似直接计算 SVD。此外，文献 [195] 中采取一种热启动策略来加速式 (7.20) 的收敛，降低计算时间。数值结果显示，在一台配置为 Intel Core(TM) i7-3770 CPU@3.40GHz，32GB RAM 的电脑上，恢复一个采样率为 30%、大小为 100×100 的矩阵大约需要 15s，这对于离线操作是可以接受的。

3. 基于非线性支持向量机的不规则边界检测

如图 7.4(c) 所示，基于完整的频谱数据矩阵，本节设计有效的算法来确定授权用户不规则覆盖边界。如前文所述，每个蜂窝基站将关心区域 $\tilde{\mathcal{A}}$ 进行栅格化。记标号为 (i,j) 的栅格的中心二维坐标为 $l_{i,j} := (x_i, y_j) \in \tilde{\mathcal{A}}, i \in \{1, \cdots, p\}, j \in \{1, \cdots, m\}$，其相应位置的接收授权用户信号强度平均值为 $\tilde{M}_{i,j}$，该蜂窝基站首先进行如下二元判决：

$$\tilde{M}_{i,j} \underset{h(l_{i,j})=+1}{\overset{h(l_{i,j})=-1}{\gtreqless}} \bar{P}, \tag{7.24}$$

式中，$\bar{P} := \bar{P}_{\min} - \delta_P$ 表示判决门限，$\bar{P}_{\min}$ 表示授权用户接收机可以正常译码授权用户发射机信号的最小接收功率，δ_P 表示一个偏移参数，用来补偿矩阵完成补全的数据存在的不完美性，$\delta_P > 0$ 时对应一种保守的门限设置，该门限设置下可以保证对授权用户通信提供更好的保护；$\delta_P < 0$ 时对应一种激进的门限设置，该门限设置下可以为未授权设备提供更多的复用机会。$h(l_{i,j})$ 表示位置点 $l_{i,j}$ 处的二元判决：$h(l_{i,j}) = -1$ 表示判决结果为位置点 $l_{i,j}$ 处于授权用户通信覆盖区域内；相反，$h(l_{i,j}) = +1$ 表示判决结果为位置点 $l_{i,j}$ 处于授权用户通信覆盖区域外。

注意到，由于个人设备的硬件精度有限和无线信道随机不确定性等因素的存在，基于式 (7.24) 的判决结果通常是不完美的，往往是存在错误的。因此，授权用户通信覆盖区域的边界检测的问题可以描述为：基于式 (7.24) 给所出判决结果，来寻找一个边界函数 f，使得基于该边界函数检测的结果与式 (7.24) 所给出结果的误差最小，即

$$\min_f \sum_{l_{i,j} \in \tilde{\mathcal{A}}} \bar{h}_f(l_{i,j}) \oplus h(l_{i,j}), \tag{7.25}$$

式中，$\bar{h}_f(l_{i,j}) \in \{-1, +1\}$ 表示基于边界函数 f 检测得到的结果，即有

$$\begin{aligned} \bar{h}_f(l_{i,j}) &= +1, \quad \text{如果} f(l_{i,j}) \geqslant 1; \\ \bar{h}_f(l_{i,j}) &= -1, \quad \text{如果} f(l_{i,j}) \leqslant -1. \end{aligned} \tag{7.26}$$

此外，式 (7.25) 中的 $\oplus$ 是一个二元运算符，定义如下：

$$\begin{aligned} \bar{h}_f(l_{i,j}) \oplus h(l_{i,j}) &= 0, \quad \text{如果} \bar{h}_f(l_{i,j}) = h(l_{i,j}); \\ \bar{h}_f(l_{i,j}) \oplus h(l_{i,j}) &= 1, \quad \text{如果} \bar{h}_f(l_{i,j}) \neq h(l_{i,j}). \end{aligned} \tag{7.27}$$

支持向量机 (SVM) 为有效求解式 (7.25) 中建模的优化问题提供了可行途径。为方便理解和进行性能对比分析，首先从简单的线性 SVM 算法开始设计。具体地，线性 SVM 的主要功能是寻找一个分类超平面 $\langle \boldsymbol{w}, l \rangle + b = 0, l \in \tilde{\mathcal{A}}$（在式 (7.25) 刻

画的问题中对应一个线性的覆盖边界函数 f），该平面满足如下条件：

$$\langle \boldsymbol{w}, l_{i,j}\rangle + b \geqslant 0, \quad h(l_{i,j}) = +1;$$
$$\langle \boldsymbol{w}, l_{i,j}\rangle + b \leqslant 0, \quad h(l_{i,j}) = -1. \tag{7.28}$$

式中，$\boldsymbol{w}$ 表示超平面的权值/方向矢量；b 表示交点。线性 SVM 找到的最优分类超平面还应该具备最大边缘 (largest margin) 的条件[166]：

$$\min_{\boldsymbol{w},b} \quad \frac{1}{2}\|\boldsymbol{w}\|^2$$
$$\text{subject to} \quad h(l_{i,j})(\langle \boldsymbol{w}, l_{i,j}\rangle + b) \geqslant 1, l_{i,j} \in \tilde{\mathcal{A}}. \tag{7.29}$$

进一步，考虑可能存在非理想/错误的输入 $h(l_{i,j})$（由式 (7.24) 得到），引入调整参数 $C > 0$ 来权衡"最大边缘"和"对错误输入的惩罚"，得到如下优化问题：

$$\min_{\boldsymbol{w},b,\boldsymbol{\xi}} \quad \frac{1}{2}\|\boldsymbol{w}\|^2 + C\sum_{i=1}^{p}\sum_{j=1}^{m}\xi_{i,j}$$
$$\text{subject to} \quad h(l_{i,j})(\langle \boldsymbol{w}, l_{i,j}\rangle + b) \geqslant 1 - \xi_{i,j}, l_{i,j} \in \tilde{\mathcal{A}}, \tag{7.30}$$

式中，$\xi_{i,j} \geqslant 0$ 是一个松弛变量，用来刻画非理想/错误的输入的影响。进一步，引入拉格朗日乘子 $\alpha_{i,j} \geqslant 0, i \in \{1,2,\cdots,p\}, j \in \{1,2,\cdots,m\}$，式 (7.30) 中的优化问题的对偶问题建模如下：

$$\max_{\{\alpha_{i,j}\}} \quad \sum_{i=1}^{p}\sum_{j=1}^{m}\alpha_{i,j} - \frac{1}{2}\sum_{i=1}^{p}\sum_{j=1}^{m}\sum_{k=1}^{p}\sum_{s=1}^{m}\alpha_{i,j}\alpha_{k,s}h(l_{i,j})h(l_{k,s})\langle l_{i,j}, l_{k,s}\rangle$$
$$\text{subject to} \quad \sum_{i=1}^{p}\sum_{j=1}^{m}\alpha_{i,j}h(l_{i,j}) = 0, 0 \leqslant \alpha_{i,j} \leqslant C. \tag{7.31}$$

至此，式 (7.31) 中的优化问题的最优解 $\{\alpha_{i,j}^{\star}\}$ 可以用标准的二次规划工具箱（详见文献 [166, 196]）来求解。在此基础上，$\forall l \in \tilde{\mathcal{A}}$，线性边界决策函数可以表示为

$$f(l) = \text{sgn}\left(\sum_{i=1}^{p}\sum_{j=1}^{m}\alpha_{i,j}^{\star}h(l_{i,j})\langle l, l_{i,j}\rangle + b^{\star}\right), \tag{7.32}$$

式中，$\text{sgn}(\cdot)$ 表示符号函数，即有 $\text{sgn}(x) = \begin{cases} +1, & x \geqslant 0 \\ -1, & x < 0 \end{cases}$，式 (7.32) 中的权值系数 $\alpha_{i,j}^{\star}$ 对应式 (7.31) 中的优化问题的最优解，$b^{\star}$ 可以通过对下式中所有数据进行平均得到：

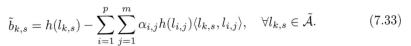

$$\tilde{b}_{k,s} = h(l_{k,s}) - \sum_{i=1}^{p}\sum_{j=1}^{m} \alpha_{i,j} h(l_{i,j}) \langle l_{k,s}, l_{i,j} \rangle, \quad \forall l_{k,s} \in \tilde{\mathcal{A}}. \tag{7.33}$$

实际中，由于收发信机之间的地形起伏、障碍物遮挡等造成信号衰减这一物理现象的存在，真实的授权用户信号通信覆盖区域边界往往是非线性且不规则的[118]。下面引入核学习 (kernel learning)[167] 这一理论工具来实现不规则覆盖边界的可靠检测。宏观上讲，通过将线性信号处理中涉及内积运算 (inner product operation) 的部分用核函数 k(·) 来替换，核变换 (kernel trick) 搭建了从线性 SVM 拓展到非线性 SVM 的桥梁，即

$$\langle l_{i,j}, l_{k,s} \rangle \mapsto \mathrm{k}(l_{i,j}, l_{k,s}), \forall l_{i,j}, l_{k,s} \in \tilde{\mathcal{A}}. \tag{7.34}$$

常用的核函数主要有多项式核函数和高斯核函数，分别表示如下：

$$\mathrm{k}(l_{i,j}, l_{k,s}) = (\langle l_{i,j}, l_{k,s} \rangle + c)^d, c \geqslant 0, d \in \mathbb{N}_+; \tag{7.35}$$

$$\mathrm{k}(l_{i,j}, l_{k,s}) = \exp(-||l_{i,j} - l_{k,s}||_2^2/2\sigma^2), \sigma > 0, \tag{7.36}$$

式中，c, d, σ 是核参数，通常通过训练数据集的参数估计得到[167,172]。这些核函数可以将原始二维空间上的数据点通过非线性变换映射到高维特征空间上去，使得数据在高维空间上更容易被线性划分。基于此，式 (7.32) 给出的最优线性边界可以拓展为如下非线性边界：

$$f(l) = \mathrm{sgn}\left(\sum_{i=1}^{p}\sum_{j=1}^{m} \alpha_{i,j}^{\star} h(l_{i,j}) \mathrm{k}(l, l_{i,j}) + b^{\star}\right). \tag{7.37}$$

图 7.7 从统计的角度给出两个代表性 SVM 算法的成功检测概率，这个概率表示 "位于覆盖区域内的栅格被正确判定为区域内" 或者 "位于覆盖区域外的栅格被正确判定为区域外" 的总概率。

从图 7.7 可以看出：

(1) 高空域分辨率或小的栅格边长下可以获得更高的成功检测率；

(2) 高采样率下可以获得更高的成功检测率；

(3) 径向基支持向量机 (RBF SVM) 的检测性能优于二次支持向量机 (quadratic SVM)，因为前者在刻画一般的不规则边界上能力更强，而后者局限于二次型边界，难以反映高次 (大于二次) 的现象。

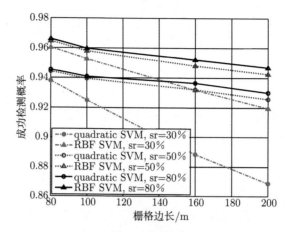

图 7.7　不同空域分辨率条件下边界检测性能

计算复杂度分析。SVM 算法的主要运算量集中于求解式 (7.31) 中的二次规划问题,而计算二次规划问题的复杂度通常因数据集而异,一般介于 $\mathcal{O}(N^2)$ 和 $\mathcal{O}(N^3)$ 之间[197],其中, N 表示训练样本的数目。

4. 基于不完美检测结果的机会空域复用

如图 7.4(d) 所示,当授权用户通信覆盖区域边界得到后,每个蜂窝基站可以据此来计算其所辖小区内各个位置点处的未授权设备可用的最大发射功率。具体地,对于位置点 $\boldsymbol{x}_i$ 处的未授权设备,假设其处于编号为 (i, j) 的栅格中,其发射功率可以通过下述协议来确定:

情形 1:如果 $h(l_{i,j}) = -1$,则判定该设备处于授权用户通信保护区域内,即处于黑空间 (black space),如图 7.3 中的设备 C。此时,为保护授权用户的正常通信,该设备不能进行数据传输,即其发射功率应当设为 0, $P_{\boldsymbol{x}_i}^* = 0$。

情形 2:如果 $h(l_{i,j}) = +1$,并且授权用户覆盖边界与未授权设备最坏情况下的干扰区域没有交点,则判断该设备处于授权用户通信保护区域外,即处于白空间 (white space),如图 7.3 中的设备 A。此时,该设备可以用峰值功率来发送数据,即 $P_{\boldsymbol{x}_i}^* = P_{\text{peak}}$。

情形 3:如果 $h(l_{i,j}) = +1$,并且授权用户覆盖边界与未授权设备最坏情况下的干扰区域存在交点,则判断该设备处于部分白空间 (partial white space) 或灰空间 (gray space),如图 7.3 中的设备 B。此时,该设备的可用发射功率满足 $P_{\boldsymbol{x}_i}^* \in (0, P_{\text{peak}})$。进一步地, $P_{\boldsymbol{x}_i}^* = I_{\max,\boldsymbol{x}_i \to \boldsymbol{x}^\dagger}$, $\boldsymbol{x}^\dagger$ 表示位置点为 $\boldsymbol{x}_i \in \mathcal{A}$ 的未授权设备对应的最坏情况下接收机的位置 WCRP(式 (7.16))。

总体来讲，基于 7.3.2 节设计的一系列算法，每个蜂窝基站可以计算并存储其所辖小区内各个位置处未授权设备可用的最大发射功率，形成一个局部的电视白空间 (TVWS) 数据库。在此基础上，任何具有通信需求的 D2D 通信链路首先向邻近的蜂窝基站发送频谱咨询请求，同时汇报其所处地理位置；接到该请求后，蜂窝基站在本地 TVWS 数据库中进行查询，确定该对 D2D 链路所处位置处是否存在电视白空间 (TVWS)，若存在，则将其最大可用发射功率反馈过去。

7.4　仿真结果与分析

7.4.1　仿真参数设置

仿真中主要考虑蜂窝网络架构下的小尺度 D2D 通信设备与数字电视广播架构下的大尺度 DTV 同频空域复用的场景。表 7.1 给出主要的仿真参数设置。DTV 系统和 D2D 通信的参数设置分别基于文献 [97, 98] 和文献 [183, 198]。其中，栅格大小、采样率和每个栅格中的样本点数这 3 个参数的设置主要基于 7.3.2 节的数值结果。

表 7.1　仿真参数设置

参数	取值	说明
B	6MHz	单个 DTV 信道带宽
f	615MHz	某个 DTV 信道的中心频率
P_t^{DTV}	90dBm	DTV 发射机发射功率
(x_0, y_0)	(0,0)	DTV 发射机位置二维坐标
N_0	-95.2dBm	噪声功率
d_p	134.2km	DTV 通信/受保护区域半径
α^{DTV}	4	DTV 传输路径损耗指数
α^{D2D}	2.5	D2D 通信路径损耗指数
σ	5.5dB	阴影扩展
P_{min}	-92.2dBm	DTV 接收机可译码的最小接收功率
I_{max}	-98.2dBm	DTV 接收机的干扰容限阈值
ν_{cov}	0.9	位置覆盖概率阈值
ν_{int}	0.1	位置干扰概率阈值
$\tilde{\mathcal{A}}$	8km × 8km	每个蜂窝基站关心区域
L_g	80m	栅格边长
sr	50%	采样率
N_{sam}	100	每个栅格中的样本点数
R_{cell}	2km	蜂窝小区半径
P_{peak}	-10dBm	未授权设备的峰值发射功率
r_{int}	2km	未授权设备的最坏干扰区域半径

回顾图 7.2，对于每个蜂窝基站，其感兴趣的区域 $\tilde{A}$ 可能存在 3 种情况：

(1) 完全在 DTV 通信覆盖区域内；

(2) 完全在 DTV 通信覆盖区域外；

(3) 部分在 DTV 通信覆盖区域内，部分在 DTV 通信覆盖区域外。

从小尺度 D2D 通信与大尺度 DTV 广播同频空域复用的角度来看，第三种情况是最具挑战性的：不同于蜂窝系统下 D2D 通信与宏蜂窝通信之间的干扰管理问题，由于缺乏来自授权用户所属的 DTV 系统的合作，D2D 通信与 DTV 广播同频空域复用两者之间的干扰管理问题更加困难。鉴于此，下文主要以第三种情况为例，通过仿真来验证所提方案的有效性。具体地，考察如下两个代表性仿真场景下的性能。

仿真场景 1：蜂窝基站位于 DTV 覆盖区域的边缘。在文献 [97, 98] 中，该区域也被称为噪声–限制的覆盖区域 (noise-limited coverage contour)。在这种场景下，任何处于 DTV 覆盖区域内的 D2D 通信是不允许的，而处于 DTV 覆盖区域外的 D2D 通信的发射功率往往是受授权用户接收机干扰容限阈值约束的。

仿真场景 2：蜂窝基站位于 DTV 覆盖区域的内部，但是该蜂窝基站所辖小区的一部分处于 DTV 通信阴影区。阴影区可能是大尺度的障碍物或起伏的地形造成的，阴影区授权用户接收机因接收信号强度太弱而无法正常工作，这恰好为小尺度的 D2D 通信提供 TVWS。在这种场景下，处于阴影区外的 D2D 通信是不被允许的，而处于阴影区内的 D2D 通信的发射功率往往是受授权用户接收机干扰容限阈值约束的。

7.4.2 算法性能分析

1. 场景 1 下的仿真结果与分析

图 7.8~ 图 7.10 给出在仿真场景 1 下的数值结果。如图 7.8 所示，首先给出 DTV 信号覆盖的真实情况 (图 7.8(a))；然后，移动群智感知进行频谱数据收集，假设采样率为 50%，得到图 7.8(b)；进一步，通过矩阵完成，实现未知数据补全，得到图 7.8(c)；在补全数据的基础上，执行边界检测算法，得到图 7.8(d)。最后，应用 7.3.2 节设计的机会空分复用协议，得到小区内不同位置点处最大允许发射功率 (图 7.9)；在此功率下，相应位置点的干扰概率分布见图 7.10。在产生图 7.8 的各个子图中，考虑一个蜂窝基站位于一个 8km×8km 的区域 $\tilde{A}$ 的中心，该区域进一步细分为 100×100 个栅格。蓝色点表示其对应的位置处于 DTV 通信覆盖区域内，红色点 (真实值) 表示其对应的位置处于 DTV 通信覆盖区域外，绿色点表示其对应的位置缺少数据点或未被采样。以该蜂窝基站为中心的圆盘阴影区域表示该蜂窝

基站所辖区域，半径为 $R_{\text{cell}} = 2\text{km}$。

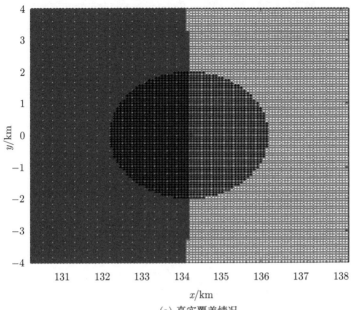

(a) 真实覆盖情况

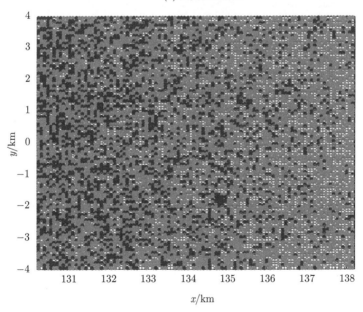

(b) 随机采样后的覆盖情况

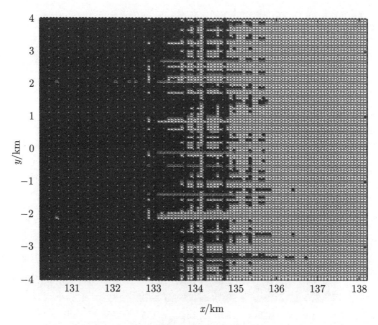

(c) 数据补全后的覆盖情况

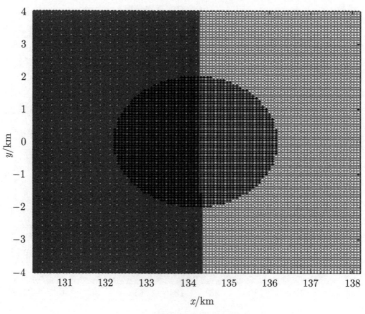

(d) 边界检测后的覆盖情况

图 7.8　仿真场景 1 下的结果 (见彩图)

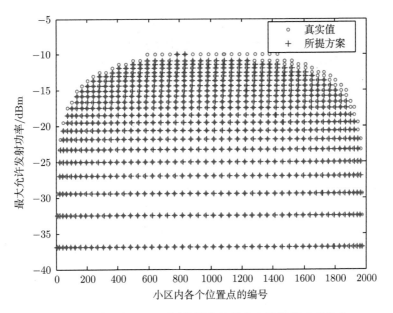

图 7.9　仿真场景 1 下不同位置点处最大允许发射功率分布

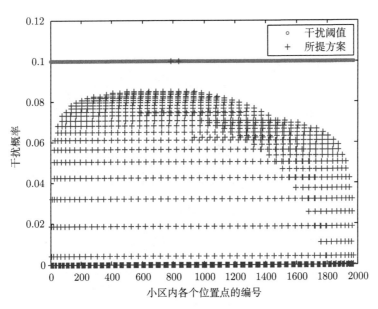

图 7.10　仿真场景 1 下不同位置点处干扰概率分布

通过观察图 7.8、图 7.9 和图 7.10，可以看出：本章所提方案可以使得小尺度

D2D 通信与大尺度 DTV 广播成功地实现同频空域复用，并且满足授权用户接收机的干扰约束。回顾图 7.2 和注释 7.1，在现有研究 (如文献 [71, 199]) 中，对于任何未授权设备，存在一个静默区域 (no-talk-region，半径为 d_n)，该区域范围为授权用户通信/受保护区域 (DTV protection region，半径为 d_p) 外加一个空域保护带 (keep-out distance，半径为 d_a)。空域保护带的范围主要取决于授权用户接收机的干扰容限阈值和未授权设备的峰值发射功率，通常情况下该范围从几百米到几千米。注意到，空域保护带的引入简化了系统设计，但同时造成了严重空域复用机会浪费[16,200]。然而，仿真场景 1 下的数值结果表明：基于本章所提方案，在满足授权用户干扰约束的条件下，空域保护带内实现 D2D 通信是可行的。

2. 场景 2 下的仿真结果与分析

图 7.11～ 图 7.13 给出仿真场景 2 下的数值结果，得到这些结果的仿真过程与仿真场景 1 基本相同，不同之处在于：

(1) 仿真场景 2 下考虑的蜂窝基站的二维坐标为 (119.2km, 0)，该点位于 DTV 通信区域范围之内，即 $119.2\text{km} < d_p = 134.2\text{km}$；

(2) 仿真场景 2 下考虑一个由大尺度障碍物遮挡造成的阴影区，作为一个描述性的例子，阴影区内从 $x = -116.2\text{km}$ 到 $x = -120.2\text{km}$，信号衰减量从 -20dB 线性增长到 0dB。

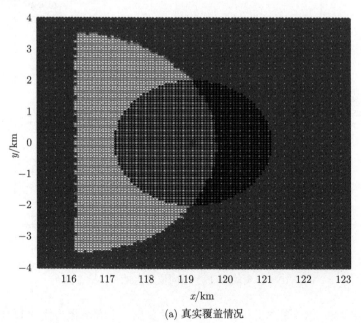

(a) 真实覆盖情况

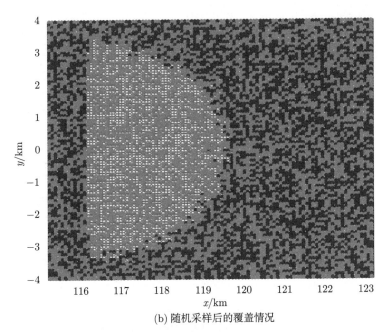

(b) 随机采样后的覆盖情况

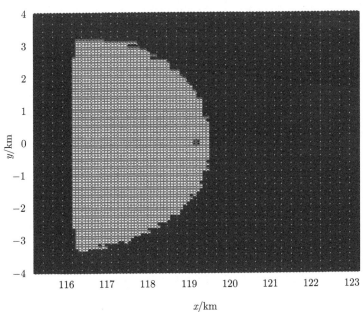

(c) 数据补全后的覆盖情况

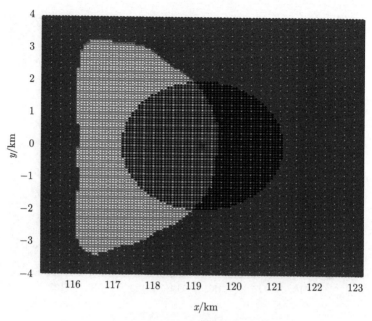

(d) 边界检测后的覆盖情况

图 7.11　仿真场景 2 下的结果 (见彩图)

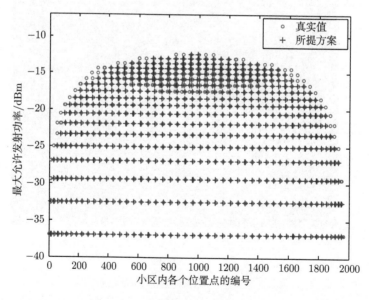

图 7.12　仿真场景 2 下不同位置点处最大允许发射功率分布

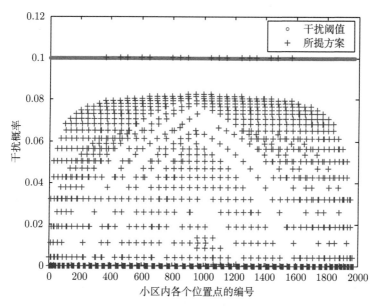

图 7.13　仿真场景 2 下不同位置点处干扰概率分布

从图 7.11~ 图 7.13 中可以看出：在更加复杂的仿真场景 2 下，本章所提方案可以使得小尺度 D2D 通信与大尺度 DTV 广播成功地实现同频空域复用，并且满足授权用户接收机的干扰约束。进一步，考虑到：D2D 通信往往都是短距离的，从几米到几十米；TV 信道带宽很宽，常见的有 6MHz，具有很好的传播特性和障碍物穿透特性。因此，即使 D2D 通信链路以极小的功率发送数据，在宽带 TV 信道上也可以获得数兆赫兹每秒的速率，这对于热点地区 (如体育场或商业区) 是具有应用前景的。

7.5　矩阵缩放因子的定义

矩阵缩放因子 (matrix shrinkage operator)$S_\nu(\cdot)$ 的定义如下：假设矩阵 $M \in \mathbb{R}^{p \times m}$，其奇异值分解 (singular value decomposition) 为 $M = U\mathrm{diag}(\sigma)V^{\mathrm{T}}$，其中 $U \in \mathbb{R}^{p \times r}, \sigma \in \mathbb{R}_+^p, V \in \mathbb{R}^{m \times r}$。给定 $\nu > 0$，$S_\nu(\cdot)$ 定义为

$$S_\nu(M) := U\mathrm{diag}(s_\nu(\sigma))V^{\mathrm{T}}, \tag{7.38}$$

式中，矢量 $s_\nu(\sigma)$ 定义为

$$s_\nu(\sigma) := \max\{\sigma - \nu, 0\}. \tag{7.39}$$

简单来说，$s_\nu(\sigma)$ 将矩阵 $M \in \mathbb{R}^{p \times m}$ 的每一个非负奇异值减去 ν。如果某一奇异值小于 ν，则差值取为 0。

7.6 本章小结

本章分析了阴影衰落的双刃剑效应，提出了面向地理频谱数据库的群智频谱数据统计学习理论方法，主要工作和创新点包括：

(1) 将大尺度授权 DTV 业务与小尺度未授权 D2D 通信之间的空域频谱复用建模为一个异构网络共存优化问题。目标是最大化每对 D2D 通信的干扰受限的发射功率，一方面受限于 D2D 通信的峰值发射功率，另一方面受限于保护授权用户正常通信的干扰概率阈值。

(2) 基于现有蜂窝网络基础设施，提出了一个数据驱动的地理频谱数据库协议框架，为 D2D 通信提供位置相关的 TVWS 查询服务。该协议框架的核心理念是"人人为我，我为人人"。在该协议框架里，首次引入移动群智感知技术来实现从个人无线设备处收集频谱数据；蜂窝基站负责收集、处理和挖掘海量频谱数据来确定其下属区域内的 TVWS 分布情况。

(3) 设计了有效的频谱数据挖掘算法。考虑到移动群智感知中数据收集的不完备性，提出了基于快速矩阵完成理论的空域频谱数据补全算法，实现每个蜂窝基站基于有限频谱测量数据来获取完整频谱态势图的目标；通过联合考虑本小区和邻居小区内的频谱数据，每个蜂窝基站执行一个非线性支持向量机算法来实现授权用户发射机不规则覆盖区域边界检测；进一步，在获取边界信息的基础上，设计了一个机会空域复用算法来实现在满足授权用户干扰约束的条件下，最大化每个 D2D 设备所在位置处可用的无干扰发射功率。

第 8章 图像化的频谱数据挖掘

一图胜千言。

——谚语

频谱数据一般是涉及多个维度的状态数据,如涉及时间、空间、频率三个维度的频谱状态就是指某一地点、某一时刻、某个频点的状态。从数据量级上来讲,频谱状态数据被普遍认为是具有"海量"特点的一类数据。针对这类多维度、大体量的数据,可以考虑借助图像化手段进行处理、分析和挖掘,使频谱数据中包含的各种信息更为形象直观、清晰有效地呈现在人们眼前。这种基于图像化的频谱数据挖掘将成为人们对频谱信息的一种新的阅读和理解方式。

图像化是利用数据或信息来构造图像的过程,是一种形象思维的升级。频谱数据的图像化则是对电磁波频率、能量等物理量进行视觉编码的过程,尽可能使频谱的占空情况、分布模式、演化态势等信息一目了然,有时还能提升数据处理的速度,加大数据挖掘的深度。较为典型的频谱数据图像化如本书第 5 章中展示的频谱状态演化轨迹图,以时间和频率的横纵轴,用不同颜色和高度描绘各频率点在各个时刻的接收信号强度差异;又如频谱地图,指基于海量多维的频谱数据,获得一个特定区域内的信号强度分布并估计该区域内的频谱利用率,是将地理信息数据库与海量多维频谱数据有机结合的可视制图学[201]。上述两种频谱数据的图像化主要是将频谱数据直接转化为可视的二维或三维图像,是较为浅层的图像化手段。对于图像化的频谱数据挖掘,我们更希望能从中发掘出诸如社交网络的关系图谱等,如频谱演化过程中各频点间的关系,甚至采用图像化的思维来解决某些问题。

本章将图像化的理念贯穿始终,将分别介绍两个图像化的频谱数据挖掘案例——面向频域关系网络的多频点间相似性分析和面向时频二维长期频谱预测的图像推理方法, 供读者借鉴。

8.1 面向频域关系网络的多频点间相似性分析

频谱演化在时域、频域或空域上的固有规律特性始终是国内外研究者们关注的焦点。频谱演化在时域上具有高可预测性, 存在准周期的潮汐效应, 那么在频域上也应该存在某些有趣的规律特性。例如, 某些频点的状态演化特性相似, 就可以利用相似性指标度量频点间在状态演化上的相似性, 并根据相似性建立频域关系网络, 用网络图谱来深入剖析频点间状态演化的相互关系。本节将探讨面向频域关系网络的多频点间相似性分析, 挖掘频谱演化中的关系网络图谱。

8.1.1 频谱演化的相似性指标

频点的状态序列是其态势演化的数据载体。对多个频点/频段间的态势演化进行相似性度量, 即是对任意两个频点的状态序列计算相似性指标。

频点/频段的状态序列是在选定的监测时间范围内按一定的时间采样间隔得到的各时隙的状态值, 可以认为是频谱状态随时间演化的轨迹, 以离散的轨迹点 (状态值) 来表示连续的轨迹。计算序列间的相似性指标也就转化为度量轨迹间的相似性。关于轨迹间相似性度量的方法主要可以分为全局匹配法和局部匹配法两大类。为了更加完整地包含频点的长期演化态势, 这里考虑全局匹配法, 以欧氏距离法[202] 为例, 并结合频谱态势数据的特点, 给出频域态势演化的相似性指标。

欧氏距离法是度量轨迹间相似性的一种简单而经典的方法。在数学上, 欧氏距离原是指多维空间中两个点的距离。当涉及轨迹时, 可分别计算对应轨迹点之间的距离并求和, 即为轨迹间距离的度量值[202]。因此, 两轨迹间欧氏距离的数值越小, 则轨迹越相似; 数值越大, 则轨迹的走向、趋势差别越大。欧氏距离法适用于等长的轨迹, 即轨迹点的总数相等, 且一条轨迹中的每一个轨迹点都可以在另一条轨迹中找到其唯一对应的轨迹点。

本节提出的基于欧氏距离法的相似性指标从根本上是反映距离的量, 对等长序列间的相似性进行定量刻画。为了克服实测频谱状态序列过长对相似性度量的不利影响, 且尽可能消除噪声带来的影响, 考虑在欧氏距离的基础上通过数据预处理和全局归一化, 给出频谱演化的欧氏距离 ED_S, 具体计算过程见 8.3 节。

8.1.2 复杂网络理论概述

在得出频点间态势演化相似性指标的基础上, 本节将引入复杂网络理论来建立频点间的关系网络, 从全局拓扑的角度考虑整个频段内所有频点间的相互关系。

这里对复杂网络理论进行简要概述，为下一步频域关系网络的建立给出理论基础。

一个典型的网络是由节点和节点之间的边组成的，节点往往代表着有实际意义的个体，边则用来描述节点与节点之间的关系。网络的概念与数学中对于图 (graph) 的概念是共通的，图即是网络的数学表示。复杂网络被描述为具有特殊拓扑特征的网络，这些拓扑特征使复杂网络不同于随机网络，即网络中节点与节点间的连接是随机的，按概率连接；也不同于规则网络，即网络中节点间的连接是有规则的，每个节点拥有的连接数是相等的。复杂网络刚好介于随机网络与规则网络之间，往往和万维网、社交关系网、生物网络等现实中的拓扑结构比较接近，适合于真实系统的建模。

钱学森先生曾对复杂网络给出了一种严格的定义：具有自组织、自相似、吸引子、小世界、无标度中部分或全部性质的网络称为复杂网络[203]。因此，复杂网络通常具有无标度、小世界、分形等特性。

无标度特性，即复杂网络中节点的度的分布通常满足幂律分布。复杂网络中各节点的连接具有严重的不均匀分布性。网络中总存在一些类似 "枢纽" 的节点，这些节点拥有的连接数要远远超过网络中节点所拥有连接数的平均值。也就是说，少数 "枢纽" 节点拥有大量的连接，而大多数节点只与几个节点有连接[204]。

小世界特性，即通常所称的 "六度分离" 特性。"六度分离" 最早出现在社交网络中，指任何两个陌生人都可以通过朋友的朋友建立联系，而达到这个目的最多只需要通过 5 个朋友。这说明，在小世界网络中，尽管网络的规模很大，但连接任意两个节点之间的边的平均数量很小，网络的集聚系数大，表现出高度集群化。网络中有连接的节点对之间的平均路径长度将随着网络规模增大呈对数增长[205]。

分形特性，强调的是网络中的局部和网络整体之间 (或网络中的小局部和大局部之间) 的自相似性。这种自相似并不是偶然的，而是整个网络中必然出现且始终保持的，是层次复杂网络共有的拓扑性质[206]。

本节将主要侧重于研究与节点度的分布相关的无标度特性，及与集聚系数相关的小世界特性。

反映以上网络特性的网络的基本测度可包括以下几部分内容。

网络规模，指的是网络中节点的总数，用 N 表示。这里的节点是指网络中和其他任意节点存在连接的节点，因此在计算时应把孤立的节点排除在外。

节点间的距离，定义为连接两节点的最短路径上所包含边的数量。如直接相连的两个相邻节点之间的距离为 1，两个节点通过其他中间节点而有连接，其距离为最少的中间节点总数加 1，即为最短路径上的边数。

网络直径，定义为网络中任意两个有连接的节点之间的最大距离，这样的连接通常是间接的。

平均路径长度，定义为网络中所有节点对间的距离的平均值，反映了节点间的分离程度。

节点的度，在无向图中，节点的度是指和节点本身相连接的边的数量，用 m 表示。在网络研究中，节点的度的分布一直是人们关注的重点。通常，把节点的度的分布看作是规则网络、随机网络、无标度网络的分类基础之一。例如，无标度网络中节点的度的分布通常描述成幂律分布[204]，即

$$P(m) \sim m^{-\lambda} \tag{8.1}$$

式中，λ 是幂指数。一般地，常将幂律分布转换到对数坐标系中，即

$$\lg P(m) \sim -\lambda \cdot \lg m + C \tag{8.2}$$

式中，C 表示一常数。

集聚系数，描述节点之间集结成团的程度的系数，体现网络中节点的邻接节点之间互相连接的程度。集聚系数定义在邻近三点组上，两两相连的三点称为闭三点组，对应地，还有开三点组，即只有两条边连接的三点，集聚系数即为网络中所有闭三点组的数量与所有邻近三点组的总量之比[207]。

8.1.3　频域关系网络的建立

基于欧氏距离法的频谱演化的相似性指标，可以得到实验频段内所有频点两两之间态势演化的定量的相似性评估。为进一步整体考虑频段内所有频点间的相互关系，本节将建立基于态势演化相似性的频域关系网络。

邻接矩阵常常用来描绘节点间的相邻关系，是网络/图的数学表示方法。由邻接矩阵可直接生成网络的拓扑结构，若邻接矩阵 $\boldsymbol{W}$ 的元素 $w_{ij}=1$，则反映了网络节点 i 和 j 之间有边相连；元素 $w_{ij}=0$，则反映了节点 i 和 j 之间没有连接。对于无向网络/图而言，邻接矩阵必为一个主对角线为 0 的对称阵，且矩阵中只有 0 和 1 两种数值。

假设频段中共有 n 个频点，所有频点两两之间的态势演化的相似性指标容易构成一个 n 阶方阵 $\boldsymbol{S}$，$\boldsymbol{S}$ 中的元素 s_{ij} 表示第 i 个频点和第 j 个频点态势演化的相似性。显然，由方阵 $\boldsymbol{S}$ 得到对应形式的邻接矩阵 $\boldsymbol{W}$，只需要对 $\boldsymbol{S}$ 中的所有元素进行门限判决。由于本章中相似性指标的物理意义都为距离，指标的数值越大，则相似性越弱，差异性越大。当相似性指标 s_{ij} 的数值高于门限 δ 时，认为相似性太弱，对应节点间无连接；当相似性指标 s_{ij} 的数值不超过门限 δ 时，认为相似性

较强,对应节点间有连接。门限判决的数学表达如式 (8.3) 所示,当相似性指标 s_{ij} 不超过门限 δ 时,对应的邻接矩阵中的元素 w_{ij} 设置为 1,否则对应的邻接矩阵中的设置元素 $w_{ij}=0$。特别地,当 $i=j$ 时,设置 $w_{ij}=0$。

$$\begin{cases} s_{ij} \leqslant \delta, & w_{ij}=1 \\ s_{ij} > \delta, & w_{ij}=0 \end{cases} \quad (i \neq j). \tag{8.3}$$

此时,生成的邻接矩阵 $\boldsymbol{W}$ 即表示频域关系网络。由于频段中频点数量众多,频点间的相互连接未呈现明显的规律性,但理论上不完全随机,因此可以认为该频域关系网络符合复杂网络的基本特征,具体的网络特性可以在分析基本测度时进一步验证。

这里要补充的是,判决门限 δ 的选择对网络规模和特性有极大的影响。一方面,要避免门限 δ 过低而无法保证较少孤立节点的情况;另一方面,为了防止相似性较弱的节点被连接在一起,门限 δ 不能设置得过高。可以根据相似性指标的数值分布合理选定判决门限 δ,关于判别门限 δ 对网络特性的影响将在后文进行讨论。

8.1.4　实验结果与分析

本节将再次对第 5 章中提到的来自德国亚琛工业大学的开源实测频谱数据集进行相似性分析实验: 先计算频点间态势演化的相似性指标,在此基础上通过门限判决构造频域关系网络,通过计算各网络测度对网络特性进行分析,并讨论结果。

对亚琛频谱数据集,我们选取了从 930MHz 至 960MHz 共 30MHz 带宽的频带在 3 个监测日内的频谱状态数据,时间采样间隔为 1.8s,该频带内共有 163 个频点。在该频谱数据集中,各频点的状态序列是严格等长的,可采用基于欧氏距离法的相似性指标 ED_S。

根据计算得到频点间态势演化的相似性指标 ED_S,设置判决门限 δ 在 0.46~0.64,对不同门限下生成的频域关系网络的测度、特性进行分析。选择该判决门限范围主要是由于既能防止相似性较弱的节点被连接在一起,又能保证网络中存在较少的孤立节点。需要注意的是,下文对网络测度和特性的分析都是不包含孤立节点的,这些孤立节点在构成网络时即被排除在外。

如设置判决门限 $\delta=0.54$,图 8.1 给出了对应的频域关系网络中节点度的累积分布函数。可以发现,度为 5 及以下的节点占总节点数的 75% 左右,只有将近 10% 的节点度在 20 以上,这说明大多数节点只与几个节点有连接,而少数节点拥有大量的连接,与无标度网络的显性特性接近。

下面,通过曲线拟合进一步分析节点的度的分布。图 8.2(a) 和图 8.2(b) 分别给出了直角坐标系和对数坐标系下的节点的度的概率分布。图 8.2(a) 中散点的形状分

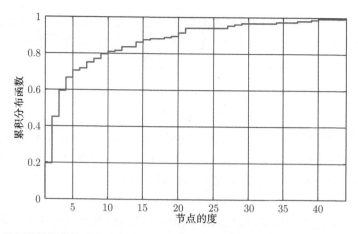

图 8.1　亚琛频谱数据集构成的频域关系网络的节点的度的累积分布函数图，设置判决门限
$$\delta = 0.54$$

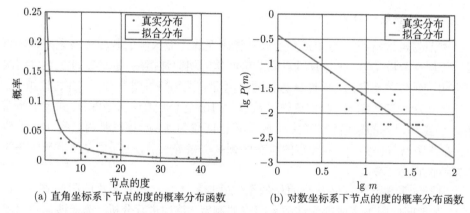

(a) 直角坐标系下节点的度的概率分布函数　　　(b) 对数坐标系下节点的度的概率分布函数

图 8.2　亚琛频谱数据集构成的频域关系网络的节点的度的分布的拟合图，设置判决门限
$$\delta = 0.54$$

布与幂律分布很类似，转换到对数坐标系中，散点几乎均匀分布在拟合线两侧，与理论上式 (8.2) 中幂律分布对数变换的结果相符，说明节点的度的分布是服从幂律分布的，可认为该频域关系网络具有无标度特性。

　　进一步地，讨论判决门限 δ 的设置对构成的频域关系网络测度及特性的影响。如表 8.1 中所示，当判决门限 δ 在 0.46~0.62 变化时，δ 越小，网络规模越小，孤立节点越多，但节点的度的分布始终基本符合幂律分布，呈现无标度特性。

表 8.1　基于张量补全的长期频谱预测算法

判决门限 δ	网络规模 N	孤立节点数量	孤立节点比例/%	度的分布的指数 λ	节点间平均距离	集聚系数
0.46	133	30	18.40	3.1220	inf	0.2671
0.50	145	18	11.04	1.8350	inf	0.3551
0.54	153	10	6.14	1.2320	inf	0.4540
0.58	158	5	3.07	0.9469	inf	0.5139
0.62	162	1	0.61	0.5981	2.1540	0.6530
0.64	163	0	0	—	1.8306	0.7105

　　当判决门限 $\delta = 0.64$ 时，如图 8.3(a) 所示，直角坐标系下节点的度的分布已经不太符合幂律分布的形式，图 8.3(b) 中对对数坐标系下节点的度的分布进行拟合，散点在拟合线两侧的扩散较为明显，虽然也能给出拟合结果，但不认为此时构成的频域关系网络具有无标度特性。此时网络中节点间的平均距离较小，说明节点间的连接比较紧密，从图 8.3(a) 的横坐标上也能得到印证，节点的度多达几十甚至上百。

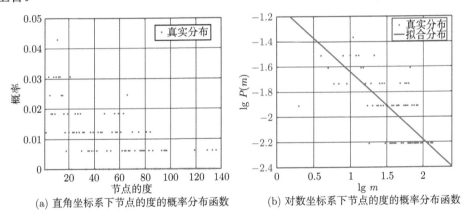

(a) 直角坐标系下节点的度的概率分布函数　　(b) 对数坐标系下节点的度的概率分布函数

图 8.3　亚琛频谱数据集构成的频域关系网络的节点的度的分布的拟合图，设置判决门限
$$\delta = 0.64$$

　　当判决门限 δ 在 0.62 以下时，节点间的平均距离均为 inf，说明此时网络的连通性较差。虽然网络中不存在孤立节点，但出现了互不相通的连通子集，导致网络中存在较多互不相通的节点对，此时的集聚系数也随着判决门限 δ 的降低而下降。

　　为了帮助理解，图 8.4 给出了亚琛频谱数据集在门限 $\delta = 0.54$ 下构造的频域关系网络的示意图。其中，网络节点用带有标号的圆形表示，标号为节点的序号，也即涉及频段内频点的序号，圆形的颜色由红到蓝、直径由大到小均表示节点的度由大到小，孤立节点由带标号的白色圆形表示。节点与节点之间的连接由圆形与圆形间的黑色连线表示，连线没有方向且权值相等。

显然，图 8.4 中共有 10 个白色带标号的圆形，与亚琛频谱数据集在 $\delta = 0.54$ 下构造频域关系网络时共有 10 个孤立节点完全相符。仔细观察，可以发现图中存在互不连通的子图，如图 8.4 中 "14-15-16" 的子图、"21-22-23-93-94-95" 的子图等，这就导致了网络中虽不存在孤立节点但仍有很多节点互不相通的现象，与前文对集聚系数的分析是一致的，也反映出构造的频域关系网络几乎不具有小世界特性。另外，从节点标号上来看，大部分节点都与序号相邻的节点有连接。

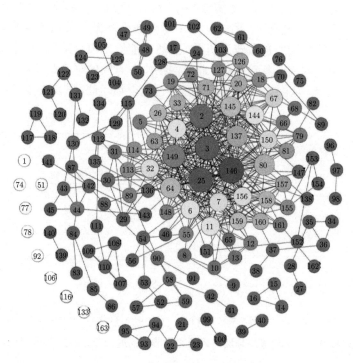

图 8.4   亚琛频谱数据集构成的频域关系网络，设置判决门限 $\delta = 0.54$ (见彩图)

由节点间的连接关系与频点间状态演化的相似性的对应关系，总体来看，实测频谱数据内频点间态势演化的相似性是存在的，且大部分频点的态势演化都与其相邻频点的态势演化相似，但这些相似性的强弱除了与数据本身有关，还与相似性指标的设计、判决门限的选择紧密相关。构成的频域关系网络的特性也各异，并不总是符合无标度特性，基本不符合小世界特性。

8.2　面向时频二维长期频谱预测的图像推理方法

早期频谱预测方法的研究一般指的是在时间域上基于频谱状态数据的预测，即利用某个频点或频带有限的历史频谱状态推测其在下一个时隙的频谱状态[77]，如图 8.5 所示。随着研究的深入，相似频点状态演化的相关性或者某个频点随时间的状态演化的相关性被揭露出来。利用这些固有的相关性来提高预测的有效性和准确性逐渐成为研究的主流[208,209]。如时频二维联合频谱预测就是利用频谱状态演化在时域和频域间的相关性，基于多频点/多频带的历史频谱状态数据同时得出这些频点/频带在下一时隙的频谱状态，如图 8.6 所示，5.3 节中也提到这种联合多维频谱预测。

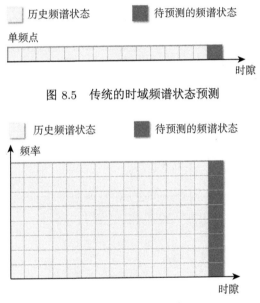

图 8.5　传统的时域频谱状态预测

图 8.6　联合时–频二维频谱状态预测

此外，现有大多数算法只能对未来频谱状态进行逐时隙的预测，即一次只向前预测一个时隙的频谱状态。由于预测结果的时间跨度较小，在极短时间内很难对认知无线电网络的接入方案做出调整。对于与电磁频谱状态数据相似的其他时间序列数据而言，也存在着向前多步的预测算法[210,211]。但与历史数据相比，向前预测的步数仍是非常有限的，当向前预测的时隙数增加时，预测的准确性将会急剧下降[212]，导致现有的多步预测对指导频谱态势生成、频谱管控和用频策略推理意义不大。这些发现促使我们去探究一种准确高效的长期频谱预测方法。

本节即结合频谱演化在时域上的高可预测性和在频域上的相似性，从图像推理的角度，提出了一种长期频谱预测方法，可基于多天多频点的海量历史频谱数据，预测出未来一天完整的多频点频谱态势，是利用图像化手段来解决长期频谱预测的难题。

8.2.1 系统模型和问题描述

1. 图像推理角度的频谱张量模型

在计算机视觉和图像领域，人们在恢复或估计图像的缺失部分[213,214] 或者放大原图像得到分辨率更大的图像[215,216] 等方向进行深入的研究。虽然图像恢复和图像放大的目标不一样，但其本质是相同的：根据图像本身像素间的相关性推测图像未知的/丢失的部分。这种思想可以被概括为图像推理。类似地，由一组按一定时间顺序组成的图像得到未来时刻的一整幅图像的图像预测也可以被归类为图像推理。但与图像恢复重建不同的是，图像恢复是推断得到在原图像中离散分布的一些丢失/未知的部分[213,214]，而图像预测是推断得出一幅新的完整的图像。这两者在解决问题的难度和方法上存在一定的差异。

我们考虑引入图像推理的思想来进行频谱预测，图 8.7 阐明了本章提出的长期

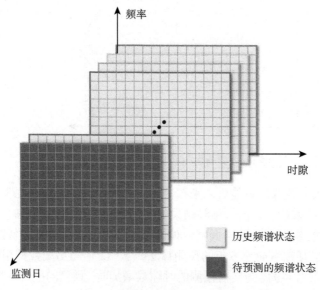

图 8.7   图像推理角度的长期频谱预测

频谱预测方案。类似于频谱瀑布图[217]，我们以一个完整监测日的各个监测时隙为横轴，以频率为纵轴，将一个监测日完整的频谱态势形成一张图像。多张完整的频谱态势图像可按监测日的时间顺序形成一组图像。图像中每一个像素点由图 8.7 中的每一个小格表示，也即一个频谱状态值。从图像推理的角度，在按一定顺序组织起来的一组图片的基础上，可以预测出下一幅图片。那么，在多天历史频谱态势的基础上进行频谱预测，预测结果将不再是未来某一时刻或未来连续某几个时刻的频谱状态，而是未来一个监测日完整的频谱态势，即实现了从图像推理角度的长期时–频二维频谱预测。为此，本节构建了一个图像推理角度的频谱张量模型。

下面，用数学化的语言来阐述一下模型的建立过程。

考虑进行频谱测量或监测工作时，一般是每隔一个固定的时间间隔按一定的频率分辨率扫描整个监测频段，从而记录下互相独立的多个频点在多个时隙的频谱状态数据。例如，时间间隔为 Δt（单位：s），频率分辨率为 Δf，当监测带宽为 B 的频段完整一天的频谱状态演化情况时，可以得到 I_1 个频点在 I_2 个时隙的频谱状态数据，$I_1 = B/\Delta f$，$I_2 = 86400/\Delta t$。这些频谱状态数据直观上可以形成以监测时隙和监测频率分别为横、纵方向的频谱图像，类似于时频瀑布图，每一个频谱状态数值对应着一个像素点；数学上，则可以用 $I_1 \times I_2$ 的矩阵来表示，记为 $\boldsymbol{X} \in \mathbb{R}^{I_1 \times I_2}$，每一个频谱状态数值对应着一个矩阵元素。若一共连续监测 I_3 天，任意第 i_3 天的频谱状态数据都用矩阵 $\boldsymbol{X}_{i_3}$ 来表示，则所有监测数据可按监测日为第三维度构成新的三阶频谱张量 $\boldsymbol{\mathcal{X}}$，且满足 $\boldsymbol{\mathcal{X}} \in \mathbb{R}^{I_1 \times I_2 \times I_3} = \{\boldsymbol{X}_1; \boldsymbol{X}_2; \cdots; \boldsymbol{X}_{i_3}; \cdots; \boldsymbol{X}_{I_3}\}$。频谱张量 $\boldsymbol{\mathcal{X}}$ 中的元素 $x_{i_1 i_2 i_3}$ 即表示第 i_1 个频点在第 i_3 个监测日第 i_2 时隙的频谱状态值，其中 i_1、i_2、i_3 均为正整数，且满足 $1 \leqslant i_2 \leqslant I_2$ 及 $1 \leqslant i_3 \leqslant I_3$。

2. 问题描述

本节基于实测频谱数据考虑时–频二维长期频谱预测方法，也即如何在海量历史数据的基础上利用频谱状态演化在频域和时域上的内在特性，预测未来频谱态势。本节中历史频谱数据采用高轨卫星对地感知监测的频谱数据，涉及 C 波段和 S 波段的 86 个子频段，总的连续监测时长为 1 个月左右，但由于监测设备的限制和监测环境的影响，其中有大量数据记录缺失，该历史数据后称"卫星频谱数据集"。

根据卫星频谱数据集的特点和本章频谱预测的目标要求，这里有两个需要注意的关键问题：

(1) 实测卫星频谱数据本身存在着大规模的固有缺失，反映在连续一段时间内(长则数个小时)，监测频段上所有频点均没有真实监测值，这往往是由于监测设备的限制和监测环境的影响所造成的。

(2) 目标是实现尽可能高效准确的长期频谱预测，也即在短时间内基于大量不完整的历史频谱数据预测未来完整一天的频谱态势。

因此，这个预测问题 $(*)$ 可以被阐述如下：

就长期频谱预测而言，目标是基于多天多频点的不完整的历史频谱监测数据来推测未来一天的各频点的频谱态势。 $\hfill (*)$

由 8.2.1 节中将多天多频点的频谱监测数据建模为图像推理角度的频谱张量，结合要解决的预测问题 $(*)$，尽可能地减小数据不完整/碎片化给建模过程增加的数据处理的复杂度，也使当前数据格式便于未来预测结果的生成，对频谱张量作如下设置：

一般来说，用信号的功率谱密度值来表示频谱状态，因此 $x_{i_1 i_2 i_3}$ 通常为负实数。若历史频谱数据中有缺失的频谱状态，如第 i_3 个监测日中第 i_1 个频点在第 i_2 时隙的频谱状态并未被记录下来，则可直接用对应的张量元素 $x_{i_1 i_2 i_3} = 0$ 来表示。由于预测的目标是未来一天的完整频谱态势，即由历史频谱数据 $\mathcal{X} \in \mathbb{R}^{I_1 \times I_2 \times I_3}$ 预测 $\boldsymbol{X}_{I_3+1}$，这里预先将 $\boldsymbol{X}_{I_3+1}$ 设置为与任意监测日的历史频谱数据矩阵 $\boldsymbol{X}_{i_3}$ 均同型的全零矩阵，将频谱张量更新为 $\mathcal{X} \in \mathbb{R}^{I_1 \times I_2 \times (I_3+1)} = \{\boldsymbol{X}_1; \boldsymbol{X}_2; \cdots; \boldsymbol{X}_{I_3}; \boldsymbol{X}_{I_3+1}\}$ 以待预测。

这样，原本的频谱预测问题就转化为一个张量补全问题，即要对未来频谱态势进行预测，就是要将频谱张量中被置为 0 的元素恢复出来。巧妙地是，频谱张量中为 0 的元素除了因待预测而置为 0 的，还存在因数据固有缺失而为 0 的元素，这部分元素也可以得到恢复，即在实现长期频谱预测的同时，还完成了历史频谱态势的补全。

8.2.2 长期频谱预测方法设计

1. 张量补全理论

张量补全算法的核心是利用了张量的低秩特性，对张量中的缺失/未知元素(本章中指数值为 0 的元素)进行补全恢复(恢复到非零的负实数值)。由于数据本身固有的高相关性和其较低的本征维数，大多数现实的高维数据都可以被近似地看成低秩数据集，频谱数据也是这样[208,209,218]。因此，三阶频谱张量可以被认为具有低秩特性。低秩张量补全 (low rank tensor completion, LRTC) 常用于根据张量的低秩特性恢复张量中所有的缺失/未知元素。

一般而言，如果我们能找到一个新的张量，该新张量中所有已知元素与原张量中对应的已知元素保持不变，原张量中所有缺失/未知的元素在新张量中的对应元素已被全部补全恢复，且该新张量拥有最低的秩，则该新张量即为原张量的补全恢复版本，这就是低秩张量补全技术的基本含义。

张量理论是数学的一个很重要的分支。当给定一个向量的参考基时，张量可以表示按一定规则组合在一起的多维数组。张量的阶数即是数组的维度。例如，一个向量在一参考基下表示为一个一维数组，即为一阶张量；一个线性映射在一参考基下表示为一个矩阵，即为二阶张量；以此类推。

这里所说的秩是线性代数中矩阵 $\boldsymbol{X}$ 的列生成的子空间的维数，表示为 $\mathrm{rank}(\boldsymbol{X})$，秩也对应着矩阵 $\boldsymbol{X}$ 线性不相关列的数量的最大值[219]。由于张量是矢量概念的延伸，秩的概念同样也可以拓展到张量中。关于矩阵秩的函数 $\mathrm{rank}(\boldsymbol{X})$ 是非凸的，为了构造一个凸优化问题，通常在计算中用矩阵的迹范数 $\|\cdot\|_*$ 来近似矩阵的秩，同时迹范数定义为矩阵秩的最紧凸包络。

但对于张量来说，计算一个阶数高于 2 的张量的秩是一个 NP 难问题。据我们所知，目前尚未有一个确切的张量秩的凸包络形式。因此，张量秩的最小化问题将被近似为迹范数的最小化问题，即

$$\min_{\boldsymbol{X}} \|\boldsymbol{X}\|_* \tag{8.4}$$
$$\text{subject to } \boldsymbol{X}_\Omega = \boldsymbol{T}_\Omega,$$

式中，$\boldsymbol{X}$ 和 $\boldsymbol{T}$ 是同阶同型的两个张量。对张量 $\boldsymbol{T}$ 而言，集合 Ω 中的元素是已知的，其余均是缺失/未知的。通常，张量的迹范数可以被定义如下：

$$\|\boldsymbol{X}\|_* := \sum_{i=1}^{N} \alpha_i \|\boldsymbol{X}_{(i)}\|_*, \tag{8.5}$$

式中，所有的 α_i 都是常数，并满足 $\alpha_i \geqslant 0$ 且 $\sum_{i=1}^{N} \alpha_i = 1$ 的约束条件。本质上，张量的迹范数是张量按各阶展开的矩阵迹范数的凸组合。有了式 (8.5) 的这个定义，式 (8.4) 中的优化问题可以重写为

$$\min_{\boldsymbol{X}} \sum_{i=1}^{N} \alpha_i \|\boldsymbol{X}_{(i)}\|_* \tag{8.6}$$
$$\text{subject to } \boldsymbol{X}_\Omega = \boldsymbol{T}_\Omega.$$

式 (8.6) 中，优化问题的关键被转化为优化多个矩阵迹范数的和。虽然这些矩阵包含的元素相同 (行列排布顺序不同)，但并不能各自独立地进行优化。对于这个难点，现有文献 [214] 中的 HaLRTC 算法可以给出很好的解决方案，该算法和它的

变体已经在计算机视觉和频谱地图重建等方向上显示了其稳定且准确的性能，具体内容详见 8.4 节。

然而，与传统的张量补全不同的是，本节主要目的是预测未来一天完整的频谱态势。因此，除了历史频谱数据本身固有的缺失外，作为补全算法输入的张 $\mathcal{X}$ 的其他缺失/未知元素是人为预设的，也正是待预测的部分，这些元素在第三维度内的索引是一致的，为 I_3，I_3 且张量 $\mathcal{X}$ 中第三维度索引为 I_3 的所有元素都是未知的、待预测的。而前面例子中缺失元素在张量中的分布都是随机的。因此，现有的 HaLRTC 算法不能很好地应用于长期预测问题。

2. 预填充操作

为了使张量补全技术适用于本章的长期频谱预测问题，我们提出在待预测部分预先填充一些数据的想法。由于预先填充的数据将成为已知历史数据的一部分来进一步影响预测结果，且这些数据在预测过程中不会被更新，因此如何进行有效预填充显得尤为重要。

我们想到通过预填充一些真值来讨论预填充操作对预测性能的影响。

图 8.8 给出一个预测马赛克图像的例子。

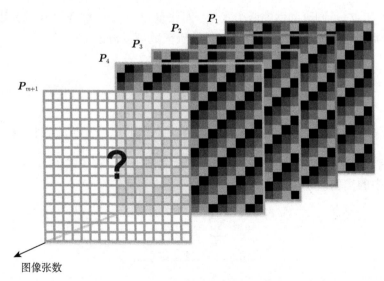

图 8.8　预测马赛克图像的仿真示意图

$P_1 \sim P_4$ 是由 4 张有规律的马赛克图像组成的最小循环的示意图，马赛克图像中的每一个正方形的小色块对应一个灰度值。每一张马赛克图像也就对应着一个灰度值矩阵 $\boldsymbol{P}$，多个同型灰度值矩阵构成张量 $\boldsymbol{\mathcal{P}}$。我们的目标是通过前 m 张按规律排序的马赛克图像预测第 $m+1$ 张马赛克图像。由于每一张马赛克图像中包含着 64×64 个小色块，m 张历史马赛克图像及待预测的第 $m+1$ 张马赛克图像共同构成的输入张量 $\boldsymbol{\mathcal{P}}$ 为 $\boldsymbol{\mathcal{P}}\in\mathbb{R}^{64\times64\times(m+1)}$，其中待预测的马赛克图像对应构成 $\boldsymbol{\mathcal{P}}$ 的矩阵之一 $\boldsymbol{P}_{m+1}$。在预测第 $m+1$ 张马赛克图像之前，先对矩阵 $\boldsymbol{P}_{m+1}$ 中的部分元素进行预填充，这里预填充的正是这些元素的真值。同时对预填充的比例和历史图像的数量进行调整，以分析预填充比例和与输入张量第三维长度直接相关的参数 m 对预测性能的影响。

图 8.9 展现了预填充比例和输入张量第三维参数 m 对预测准确性的影响。保持预填充比例不变，当输入张量第三维参数 m 增加时，即增加作为训练集的马赛克图像的数量 m，预测的准确性将提高。不进行预填充时 (等同于直接利用现有的 HaLRTC 算法[214])，如图 8.9 中方块标记的曲线所示，预测的准确性最差；逐渐增加预填充比例后，预测准确性进一步提高，且当预填充比例为 5% 时，预测准确性就逐渐逼近 100% 了，这说明预填充操作对预测性能有大幅提升。

但在实际问题中，待预测部分的真值是未知的，因此如何选择合适的预填充比例，并使预填充的元素尽可能接近其真值是亟待解决的问题。

预填充操作必须是有选择的，而非随机填充。

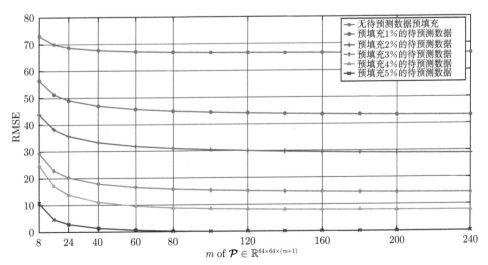

图 8.9　预填充比例和输入张量的第三维参数 m 对预测性能的影响

对于张量 $\boldsymbol{\mathcal{X}} \in \mathbb{R}^{I_1 \times I_2 \times (I_3+1)}$ 且构成 $\boldsymbol{\mathcal{X}}$ 的矩阵之一的 $\boldsymbol{X}_{I_3+1}$ 为 $\boldsymbol{X}_{I_3+1} = \boldsymbol{O}$，预填充操作表示为 $\boldsymbol{\mathcal{X}} = \text{pref}(\boldsymbol{\mathcal{X}}, \beta, \lambda, \eta)$，其中 β 为预填充比例，λ 为标准差门限，η 为有效数据比例。在全零矩阵 $\boldsymbol{X}_{I_3+1}$ 中随机选取比例为 β 的位置进行预填充，且被选取的位置必须要满足以下准则：

准则 ① $\text{card}(\Phi_{i_1 i_2}) \geqslant \eta \cdot I_3$；

准则 ② $\text{std}(\Phi_{i_1 i_2}) \leqslant \lambda$，

其中，$\Phi_{i_1 i_2}$ 表示张量 $\boldsymbol{\mathcal{X}}$ 中第一维、第二维下标索引分别为 i_1，i_2 的所有有效元素 (元素不为 0) 的集合，即元素 $x_{i_1 i_2 i_3}$ 属于该集合必须满足条件：

$$\text{如果} x_{i_1 i_2 i_3} \neq 0 \,(1 \leqslant i_3 \leqslant I_3), \quad \text{则有} x_{i_1 i_2 i_3} \in \Phi_{i_1 i_2}.$$

标准差门限 λ 越小，有效数据比例 η 越高，则满足准则要求的位置越少，选取可预填充位置的过程将会越慢。

这样，准则①表示某个频点在某个时隙存在有效历史数据的监测天数占总监测天数的比例至少为 η，说明该频点在该时隙的历史有效数据量比较充足，准则②表示某个频点在某个时隙的有效历史数据的标准差不能超过 λ，说明该频点在各监测日的该时隙的频谱状态离散程度较小，即在不同监测日的状态波动较小。同时满足以上两个准则，则可以认为历史有效数据的平均值是接近于待预测数据的真值的，因此可以用历史有效数据的平均值进行预填充，即

$$x_{i_1 i_2 (I_3+1)} = \mu_{i_1 i_2}, \tag{8.7}$$

式中，$\mu_{i_1 i_2}$ 为集合 $\Phi_{i_1 i_2}$ 中所有元素的均值。

3. 基于张量补全的长期频谱预测算法

结合预填充操作和现有的 HaLRTC 算法[214]，提出一种新的基于张量补全的长期频谱预测方案 (long-term spectrum prediction based on tensor completion, LSP-TC)。新的算法方案如表 8.2 所示。

其中步骤 2 是严格满足准则①②的预填充操作，步骤 4~ 步骤 12 是迭代过程，使相邻两次迭代结果之间的差值尽可能小。当迭代次数达到预设的 K 时，算法能保证收敛，则第 K 次迭代的结果为算法的输出；在本预测算法中，使算法收敛的 K 的数量级一般为 10^2。

下面分析本算法的复杂度。

算法的时间复杂度主要来源于步骤 2 的预填充操作和步骤 4~ 步骤 12 的循环迭代过程。预填充操作是在准则①②下的搜索过程，以比例 β 预填充一小部

表 8.2　基于张量补全的长期频谱预测算法

输入：迭代总次数 K；由历史频谱数据构成的三阶张量 $\boldsymbol{\mathcal{X}} \in \mathbb{R}^{I_1 \times I_2 \times I_3}$；惩罚因子 ρ，通常被设置为 1×10^{-6}；预填充比例 β；标准差门限 λ；有效历史频谱数据的最小比例 η。

输出：一个新的三阶张量 $\boldsymbol{\mathcal{T}} \in \mathbb{R}^{I_1 \times I_2 \times (I_3+1)}$，其中构成张量 $\boldsymbol{\mathcal{T}}$ 中的矩阵之一 $\boldsymbol{T}_{I_3+1}$ 即是预测结果。

1: $\boldsymbol{\mathcal{X}} = \{\boldsymbol{\mathcal{X}}; \boldsymbol{O}\}$，其中 $\boldsymbol{O}$ 是与 $\boldsymbol{\mathcal{X}}$ 的构成矩阵 $\boldsymbol{X}$ 同型的全零矩阵；

2: 按比例 β 进行预填充，$\boldsymbol{\mathcal{X}} = \mathrm{pref}\,(\boldsymbol{\mathcal{X}}, \beta, \lambda, \eta)$；

3: 令 $\mathcal{T}_\Omega = \mathcal{X}_\Omega$ 且 $\mathcal{T}_{\bar{\Omega}} = 0$，设中间量 $\mathcal{Y}_i = 0$，其中 $i = 1, \cdots, N$；

4: **for** $k = 0 : 1 : K$ 有

5: 　　**for** $i = 1 : 1 : N$ 有

6: 　　　$\mathcal{M}_i = \mathrm{fold}_i \left[\mathrm{D}_{\frac{\alpha_i}{\rho}} \left(\mathcal{T}_{(i)} + \frac{1}{\rho} \mathcal{Y}_{i(i)} \right) \right]$

7: 　　**end**

8: 　　$\mathcal{T}_{\bar{\Omega}} = \frac{1}{N} \left(\sum_{i=1}^{N} \left(\mathcal{M}_i - \frac{1}{\rho} \mathcal{Y}_i \right) \right)_{\bar{\Omega}}$

9: 　　**for** $i = 1 : 1 : N$ 有

10: 　　　$\mathcal{Y}_i = \mathcal{Y}_i - \rho \left(\mathcal{M}_i - \mathcal{T} \right)$

11: 　　**end**

12: **end**

分待预测的频谱数据，至少要进行 $\beta \cdot I_1 \cdot I_2$ 次搜索，所以其计算的时间开销为 $\mathcal{O}\,(I_1 \cdot I_2)$。步骤 6 中更新 $\mathcal{M}_i$ 主要计算开销包括：对每一个 i 的标量乘法的开销 $\mathcal{O}(I_1 \cdot I_2 \cdot (I_3 + 1))$，奇异值分解的开销，对 $i = 1$, $i = 2$, $i = N = 3$ 分别有 $\mathcal{O}\left(I_1^3\right)$、$\mathcal{O}\left(I_2^3\right)$、$\mathcal{O}\left((I_3 + 1)^3\right)$。步骤 8 中更新 $\mathcal{T}$ 的主要计算开销来源于标量乘法，也为 $\mathcal{O}(I_1 \cdot I_2 \cdot (I_3 + 1))$。与步骤 6 类似，步骤 10 中更新 $\mathcal{Y}_i$ 计算开销为对每一个 i 的标量乘法的开销 $\mathcal{O}(I_1 \cdot I_2 \cdot (I_3 + 1))$。

综上，总的计算开销可以被计算为 $\mathcal{O}\left((I_1 \cdot I_2 \cdot I_3 + I_1^3 + I_2^3 + I_3^3) \cdot K\right)$，也即是计算开销依赖于张量的尺寸和总迭代次数 K。

本节将从预测误差的角度来评价长期频谱预测算法的性能。由于缺失的历史频谱数据的真值不可知，本节只考虑定量的预测性能指标，不再给出具体定量的指标来讨论历史频谱态势补全的性能。将利用预测方法得到的未来一个监测日的预测结果与该监测日的真实频谱数据相比较，给出预测性能评估指标：均方根误差 (RMSE)。

第 $I_3 + 1$ 个监测日的预测性能指标 RMSE 定义为

$$\mathrm{RMSE} = \sqrt{\frac{\sum\limits_{x_{i_1 i_2} \in \left(\boldsymbol{X}_{I_3+1}\right)_\Omega} \left(t_{i_1 i_2 (I_3+1)} - x_{i_1 i_2}\right)^2}{\mathrm{card}\left(\left(\boldsymbol{X}_{I_3+1}\right)_\Omega\right)}}, \tag{8.8}$$

式中，$t_{i_1 i_2(I_3+1)}$ 是输出张量 $\boldsymbol{\mathcal{T}}$ 中的元素，是预测结果，$x_{i_1 i_2}$ 是第 I_3+1 个监测日真实频谱数据构成的矩阵 $\boldsymbol{X}_{I_3+1}$ 中的元素，且均为有效非 0 元素，$\mathrm{card}\left((\boldsymbol{X}_{I_3+1})_\Omega\right)$ 表示矩阵 $\boldsymbol{X}_{I_3+1}$ 中所有有效非 0 元素的个数。此时的 RMSE 表示第 I_3+1 个监测日中有效的真实频谱数据与对应的预测结果间的误差，该监测日真实值缺失的频谱数据和其对应的预测结果不计入预测误差的考虑范畴。在本章中，RMSE 是一个绝对的偏差值，其单位与真实频谱状态数据的单位一致，为 dBm。

8.2.3 实验与结果

1. 实验设置

本节对卫星频谱数据集进行预测，以展示提出的基于张量补全的长期频谱预测算法的性能。

卫星频谱数据集的特性已在 8.2.1 节详细说明。这里需要补充的是，由于任意一个监测频点每两个监测值之间的时间间隔为 8.6s，一个完整监测日共有 $24\times 3600=86400$s，为保证整个频段的扫频循环完整以便于数据对齐，这里取 $[24\times 3600/8.6]_* = 10045$ 作为一个完整监测日内每个频点的频谱状态时隙数，其中 $[\cdot]_*$ 为自定义的取整。

实验中，取卫星频谱数据集中连续 14 个监测日的数据作为历史频谱数据，以预测第 15 个监测日的频谱态势，构成的三阶张量为 $\boldsymbol{\mathcal{X}} \in \mathbb{R}^{10045\times 2752\times 14}$。数据集中第 15 个监测日的真实频谱数据也是可获得的，可以作为真值用于与预测值进行对比，以评估预测性能。

图 8.10 给出对卫星频谱数据进行长期频谱预测的示意图，卫星频谱数据集中的固有缺失是由于真实频谱数据值在连续一段时间内无记录，但如图 8.10 中所示，数据集中不存在始终无状态数据的频点或时隙。

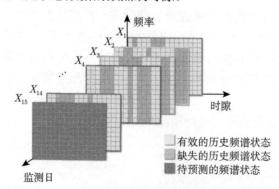

图 8.10　对卫星频谱数据进行长期频谱预测的示意图

考虑到历史频谱数据中固有的大规模缺失，及作为训练集的监测数据天数仍然是有限的，设置预填充比例 $\beta = 10\%$。设置预填充准则中的标准差门限 $\lambda = 2\text{dBm}$，设置有效数据比例 $\eta = 0.6$。

2. 频谱态势预测结果

图 8.11(a) 是第 15 个监测日真实频谱态势的可视化结果，这里为便于作图，将第 15 个监测日频谱数据中的固有缺失用深蓝色的色块表示，即用 -114dBm 代替频谱状态值被置于 0 的元素。图 8.11(c) 显示了第 15 个监测日频谱态势的完整预测结果，为便于将预测结果与真实态势进行对比，这里人为地将图 8.11(c) 中历史频谱数据缺失的部分用深色色块覆盖，而得到图 8.11(b)。图 8.11 的各子图中横坐标均表示

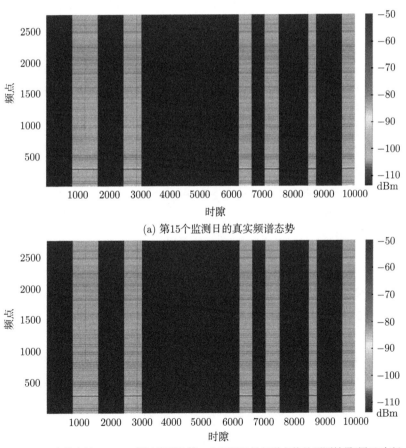

(a) 第15个监测日的真实频谱态势

(b) 由提出的LSP-TC 算法得到的第15个监测日的频谱态势的预测结果(用于对比)

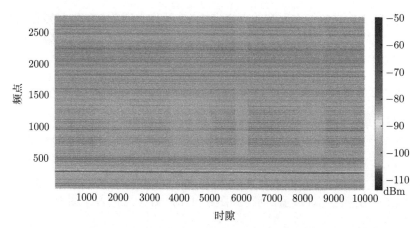

(c) 由提出的LSP-TC算法得到的第15个监测日的频谱态势的完整预测结果

图 8.11　第 15 个监测日的真实频谱态势与预测频谱态势的可视化 (见彩图)

一个完整监测日的各个监测时隙，以时隙序号标注刻度，纵坐标均表示卫星频谱数据集中包含的所有 2752 个频点，以频点序号标注刻度，且图 8.11 的 3 个子图 (a)、(b) 及 (c) 的色标是完全一致的。可以看出，图 (b) 与图 (a) 极其相似，表明了 LSP-TC 算法良好的预测性能。据式 (8.8)，经计算，卫星频谱数据集包含的 2752 个频点的平均预测均方根误差 (RMSE) 为 0.8753dBm。

但直观来看，如图 8.11(c) 中的预测结果，各频点的频谱状态随时间的演化是略微不光滑的，表现在图 8.11(c) 横向上有明显的色条分布，这可能是历史频谱数据的过碎片化导致的。

3. 频谱态势补全结果

由于历史频谱数据中的固有缺失同待预测的频谱状态都是置为 0 的，因此在对未来频谱态势进行预测时，固有缺失的部分也可以被同时恢复出来。这里以第 2 个监测日的频谱态势为例，展示对历史缺失频谱态势的补全效果。

图 8.12(a) 是第 2 个监测日真实频谱态势的可视化结果，同 8.2.3 节中一样，将第 2 个监测日频谱数据中的固有缺失用深蓝色的色块表示。图 8.12(b) 是由 LSP-TC 算法恢复得到的第 2 个监测日频谱态势的完整补全结果。图 8.12(a) 和图 8.12(b) 中的横坐标表示一个完整监测日的各个监测时隙，以时隙序号标注刻度，纵坐标表示卫星频谱数据集中包含的所有 2752 个频点，以频点序号标注刻度，且两图的色标是完全一致的。

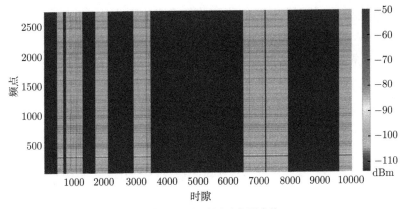

(a) 第2个监测日的真实频谱态势

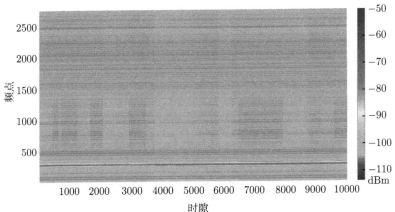

(b) 由提出的LSP-TC 算法得到的第2个监测日的频谱态势的补全结果

图 8.12　第 2 个监测日的真实频谱态势与补全频谱态势的可视化 (见彩图)

　　由于第 2 个监测日的完整频谱态势未知，难以对补全的效果给出定量的性能指标，但比较图 8.12(a) 和图 8.12(b) 仍可以看出，补全结果能较好地反映不同频点的频谱状态随时间演化的差异性，表现在频率轴方向的颜色变化。直观来说，图 8.12(b) 中由真实频谱态势到补全的频谱态势之间的过渡仍不够光滑，主要还是归因于历史频谱数据的过碎片化。

4. 算法对比

　　本节引入一种基于 K 最近邻 (K-nearest neighbour, KNN) 的时–频频谱预测方法作为基准比较方案来进一步评估提出的 LSP-TC 方法的预测性能，后简称 "KNN 预测方法"。进行算法对比的软件平台为 MATLAB2016a，硬件平台是配备主频为

2.9GHz 的英特尔 i7 处理器及 8GB 内存的便携式计算机。

引入 KNN 预测方法的理由主要有：

(1) KNN 预测算法适用于以频谱张量模型为基础的长期频谱预测问题；

(2) KNN 预测算法可以在预测结果中体现历史频谱数据多维特性的联合影响；

(3) K 最近邻算法是机器学习及数据挖掘领域极有代表性的经典方法。

K 最近邻算法是一种用于分类和回归的非参数方法。如在 K 最近邻回归中，将目标对象 k 个最近邻居的属性值的平均输出作为该对象的属性值[220]。将 K 最近邻算法应用于长期谱预测问题，就是找到每个待预测频谱状态的 k 个最近的频谱状态，然后将这 k 个邻居的频谱状态平均值赋给待预测的状态。这里的频谱状态之间距离是张量中各个元素间的欧氏距离，是在三维空间内考虑的。在计算张量元素间的欧氏距离时，构成张量的三个维度——监测日的时隙维度、频率维度和监测日维度被认为是等权重的。为了避免误差积累，这里不再对历史频谱数据的固有缺失进行预填充。因此，在寻找每一个待预测状态的 k 个最近邻时，需要把历史频谱数据中因固有缺失而置为 0 的无效状态排除在外。在 KNN 预测方法中，我们采用计算每一个待预测状态与其所有有效 (非 0) 邻居间的距离，再从其中找出距离最近的 k 个邻居的方式，而不是由近到远搜索邻居直至找满 k 个邻居为止。

图 8.13 给出了两种方法对第 15 个监测日频谱态势的预测结果，由于篇幅有限，均只显示了卫星频谱数据集中前 275 个频点的频谱态势。图 8.13(a) 是第 15 个监测日真实频谱态势的可视化，同样将频谱数据中固有缺失用深蓝色的色块表示。图 8.13(b) 是由 LSP-TC 算法得到的预测结果，图 8.13(c) 是由 KNN 预测方法得到的预测结果，图 8.13(b)、(c) 均为了方便与图 8.13(a) 进行对比而人为地将历史频谱数据缺失的部分用深蓝色色块覆盖。图的各子图中横坐标均表示一个完整监测日的各个监测时隙，以时隙序号标注刻度，纵坐标均表示卫星频谱数据集中前 275 个频点，以频点序号标注刻度，且三子图 (a)、(b) 及 (c) 的色标是完全一致的。这三个子图的标准色卡完全一致。显然，相比于图 (c)，图 (b) 与图 (a) 更相似，本章提出的 LSP-TC 算法的预测性能优于 KNN 预测方法。

据式 (8.8)，经计算，两种方法下前 275 个频点的平均预测均方根误差 (RMSE) 如表 8.3 所示，且通过表 8.3 中比较每预测 100 个频谱状态的运行时间，可以发现 LSP-TC 算法的运算速度要远远优于 KNN 预测方法。

因此，本节提出的基于张量补全的长期频谱预测方法在性能上明显优于基准比较方案的 KNN 预测方法。

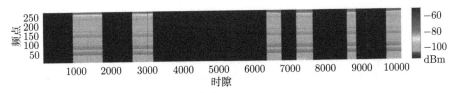

(a) 第15个监测日的真实频谱态势(取部分频点)

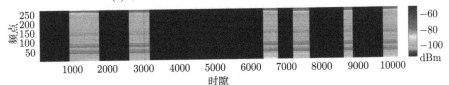

(b) 所提的LSP-TC算法得到的第15个监测日的频谱态势的预测结果(取部分频点,用于对比)

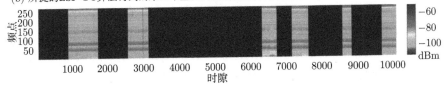

(c) KNN预测方法得到的第15个监测日的频谱态势的预测结果(取部分频点,用于对比)

图 8.13　LSP-TC 算法与 KNN 预测方法的预测性能对比 (见彩图)

表 8.3　LSP-TC 算法与 KNN 预测方法的预测准确性及运行时间对比

算法	275 个频点的平均预测均方根误差/dBm	每预测 100 个频谱状态的运行时间/s
LSP-TC 算法	2.4456	0.639
KNN 预测方法	2.7862	38.341

8.3　相似性指标计算

8.1.1 节中基于欧氏距离法的频谱演化的相似性指标的计算过程如下所述。

设任意两等长轨迹分别用 $\{T_m\}$ 和 $\{T_n\}$ 来表示，$\{T_m\} = \{t_{m1}, t_{m2}, \cdots, t_{mi}, \cdots, t_{mK}\}$，$\{T_n\} = \{t_{n1}, t_{n2}, \cdots, t_{ni}, \cdots, t_{nK}\}$，$t_{mi}$ 是轨迹 $\{T_m\}$ 的第 i 个轨迹点，t_{ni} 同理，两轨迹等长，均有 K 个轨迹点，则轨迹 $\{T_m\}$ 和 $\{T_n\}$ 间的欧氏距离 $\mathrm{ED}\,(T_m, T_n)$ 可以计算如下：

$$\mathrm{ED}\,(T_m, T_n) = \sum_{i=1}^{K} \left(\sqrt{(t_{mi} - t_{ni})^2} \right). \tag{8.9}$$

由于累加求和，式 (8.9) 得到的轨迹间的欧氏距离的数值与轨迹的长度 K 关系密切。当轨迹较长时，在计算多个轨迹两两间的欧氏距离时，从数值上难以简明清晰地反映轨迹间相似性的差异。对实测频谱数据集中普遍较长的频点状态序列，式 (8.9) 中的欧氏距离也就很难简明清晰地反映频点间在态势演化上的相似性差异。因此，考虑在式 (8.9) 欧氏距离的基础上给出频谱演化的欧氏距离 ED_S。

设任意两频点的频谱状态序列分别用 $\{X_m\}$ 和 $\{X_n\}$ 来表示，其中 $\{X_m\}$ 和 $\{X_n\}$ 等长，$\{X_m\} = \{x_{m1}, x_{m2}, \cdots, x_{m\tau}, \cdots, x_{mt}\}$，$\{X_n\} = \{x_{n1}, x_{n2}, \cdots, x_{n\tau}, \cdots, x_{nt}\}$，$x_{n\tau}$ 是频点 m 在第 τ 个时隙的功率谱密度值，频谱状态序列的时间跨度共 t 个时隙。对序列数据 $\{X_m\}$ 和 $\{X_n\}$ 进行预处理，并计算欧氏距离 $\text{ED}(X_m, X_n)$，经过归一化处理可得到频谱演化的欧氏距离 $\text{ED}_\text{S}(X_m, X_n)$。具体地，分以下三个步骤：

步骤 1：数据预处理：标准分数

对任意一个频点 m 原始频谱状态数据序列 $\{X_m\} = \{x_{m1}, x_{m2}, \cdots, x_{m\tau}, \cdots, x_{mt}\}$ 进行标准分数变换，以尽可能消除噪声影响。如下式所示：

$$\hat{x}_{m\tau} = \frac{x_{m\tau} - \mu_m}{\sigma_m}, \tag{8.10}$$

式中，$\hat{x}_{m\tau}$ 是标准分数变换后的结果；μ_m 和 σ_m 分别为序列 $\{X_m\}$ 的均值和标准差。

步骤 2：计算欧氏距离

$$\text{ED}(X_m, X_n) = \sum_{\tau=1}^{n}\left(\sqrt{(\hat{x}_{m\tau} - \hat{x}_{n\tau})^2}\right). \tag{8.11}$$

步骤 3：全局归一化

由于序列较长，不可避免地导致计算得出的 $\text{ED}(X_m, X_n)$ 的数值较大且值域分布比较离散。为了便于讨论每一个频点和其他任意频点之间的相似关系，对步骤 2 中计算的欧氏距离进行全局归一化，使所有数值在 $[0, 1]$ 之内波动。这里将把所有频点作为一个整体进行考虑，取任意两个不同的频点间的欧氏距离的最大值和最小值，即全局距离最大值和最小值，作为归一化的上下界，得到频谱演化的欧氏距离 $\text{ED}_\text{S}(X_m, X_n)$，如式 (8.12) 所示：

$$\text{ED}_\text{S}(X_m, X_n) = \frac{\text{ED}(X_m, X_n) - \text{ED}_{\min}}{\text{ED}_{\max} - \text{ED}_{\min}}, \tag{8.12}$$

式中，$\text{ED}_{\max}$ 和 $\text{ED}_{\min}$ 是全局任意两频点欧氏距离中的最大值和最小值。特别地，规定某频点和其本身状态演化间的欧氏距离为 $\text{ED}_\text{S}(X_m, X_n) = \text{null}$。

8.4　HaLRTC 算法介绍

8.2.2 节中提到的 HaLRTC 算法[214] 的具体内容如下。

考虑引入一些额外的矩阵 $M_1, M_2, \cdots, M_n$，来分离这些相互依赖的优化问题，如下式所示：

$$\min_{\mathcal{X}, M_i} \sum_{i=1}^{N} \alpha_i \|M_i\|_*$$
$$\text{subject to } \mathcal{X}_{(i)} = M_i \quad i = 1, \cdots, N$$
$$\mathcal{X}_\Omega = \mathcal{T}_\Omega. \tag{8.13}$$

在式 (8.13) 中用这些额外矩阵的张量形式来代替它们本身，得到

$$\min_{\mathcal{X}, \mathcal{M}_1, \cdots, \mathcal{M}_N} \sum_{i=1}^{N} \alpha_i \|\mathcal{M}_{i(i)}\|_*$$
$$\text{subject to } \mathcal{X}_{(i)} = \mathcal{M}_i \quad i = 1, \cdots, N$$
$$\mathcal{X}_\Omega = \mathcal{T}_\Omega, \tag{8.14}$$

式中，$\mathcal{X}_{(i)}$ 是张量 $\mathcal{X}$ 的展开形式，同理 $\mathcal{M}_{i(i)}$ 是张量 $\mathcal{M}_i$ 的展开形式。

由此，对应的增广拉格朗日函数可被定义为

$$L_\rho\left(\mathcal{X}, \mathcal{M}_1, \cdots, \mathcal{M}_n, \mathcal{Y}_1, \cdots, \mathcal{Y}_n\right) = \sum_{i=1}^{N} \alpha_i \|\mathcal{M}_i\|_* + \langle \mathcal{X} - \mathcal{M}_i, \mathcal{Y}_i \rangle + \frac{\rho}{2} \|\mathcal{M}_i - \mathcal{X}\|_{\mathrm{F}}^2, \tag{8.15}$$

式中，ρ 是惩罚函数的惩罚因子。由于式 (8.15) 是一个大规模且有多个非平滑项的凸优化问题，考虑采用交替方向乘子法 (alternating direction method of multipliers, ADMM) 来求解[221]。

根据 ADMM 的架构，$\mathcal{X}$，$\mathcal{M}_i$ 和 $\mathcal{Y}_i$ 的值可以通过迭代不断更新[69]，如下式所示：

$$\mathcal{X}^{k+1} = \arg\min_{\mathcal{X} \in Q} : L_\rho\left(\mathcal{X}, \mathcal{M}_1^{k+1}, \cdots, \mathcal{M}_N^{k+1}, \mathcal{Y}_1^{k+1}, \cdots, \mathcal{Y}_N^{k+1}\right), \tag{8.16}$$

$$\{\mathcal{M}_1^{k+1}, \cdots, \mathcal{M}_N^{k+1}\} = \arg\min_{\mathcal{M}_1, \cdots, \mathcal{M}_N} : L_\rho\left(\mathcal{X}, \mathcal{M}_1^{k+1}, \cdots, \mathcal{M}_N^{k+1}, \mathcal{Y}_1^{k+1}, \cdots, \mathcal{Y}_N^{k+1}\right), \tag{8.17}$$

$$\mathcal{Y}_i^{k+1} = \mathcal{Y}_i^k - \rho\left(\mathcal{M}_i^{k+1} - \mathcal{X}^{k+1}\right), \tag{8.18}$$

式 (8.16) 中，$Q = \left\{ \boldsymbol{\mathcal{X}} \in \mathbb{R}^{I_1 \times I_2 \times \cdots I_N} \mid \boldsymbol{\mathcal{X}}_\Omega = \boldsymbol{\mathcal{T}}_\Omega \right\}$；$k$ 表示第 k 次迭代。

$\mathcal{X}, \mathcal{M}_i$ 和 $\mathcal{Y}_i$ 在迭代中的闭合形式的解也可以由式 (8.19)~ 式 (8.21) 得到，具体如下。

更新 $\mathcal{M}_i$：

$$\mathcal{M}_i = \mathrm{fold}_i \left[\mathrm{D}_{\frac{\alpha_i}{\rho}} \left(\mathcal{X}_{(i)} + \frac{1}{\rho} \mathcal{Y}_{i(i)} \right) \right]; \qquad (8.19)$$

更新 $\mathcal{X}$：

$$\mathcal{X}_{\bar{\Omega}} = \frac{1}{N} \left(\sum_{i=1}^{N} \left(\mathcal{M}_i - \frac{1}{\rho} \mathcal{Y}_i \right) \right)_{\bar{\Omega}}; \qquad (8.20)$$

更新 $\mathcal{Y}_i$：

$$\mathcal{Y}_i = \mathcal{Y}_i - \rho \left(\mathcal{M}_i - \mathcal{T} \right), \qquad (8.21)$$

式中，$\mathrm{fold}(\cdot)$ 是张量展开的逆操作[214]；$\mathrm{D}.(\cdot)$ 是矩阵的奇异值收缩操作[141]。

8.5　本　章　小　结

本章介绍了两个图像化的频谱数据挖掘案例，主要工作和创新点包括：

(1) 针对频点间状态演化的相似性给出了评估指标，并基于频谱演化的相似性指标构造了频域关系网络，通过实测频谱数据挖掘实验，分析了节点的度的分布等网络测度，讨论了判决门限对网络测度的影响，绘制了频域关系网络图。

(2) 从图像推理的角度考虑了长期频谱预测，并构建了新的三阶频谱张量模型，其次将频谱推理问题转化为张量补全问题，通过利用现有补全算法预测马赛克图像的仿真实例，分析了预填充比例和输入张量第三维的长度对预测性能的影响，最后提出了基于张量补全的长期频谱预测方法，实现了预测结果时间跨度为包含多时隙的完整一天的时-频二维频谱态势预测，并通过对实测卫星频谱数据集的预测实验证明了该方法的有效性。

第 9 章 云化频联网

不畏浮云遮望眼，自缘身在最高层。

——王安石

不断增长的无线业务需求使得频谱资源的有效利用成为难题，频谱共享被广泛认为是解决该难题的有效方法之一。本章首先阐述了未来无线网络中频谱共享的新特征，包括共享频段的异质性、共享模式的多样性、共享设备的群智能化和共享网络的超密集化；然后提出了频联网的概念和基于云架构的频联网，致力于使用频设备和频谱监测设备联网，实现未来无线网络中高效灵活的频谱共享和频谱管理新范式；在此基础上，本章介绍了频联网的关键使能技术之一——无线频谱大数据挖掘，并讨论了当前研究现状及下一步研究方向。

9.1 频谱共享新特征

已分配的 2G/3G/4G 的无线电频谱无法承受移动网和物联网急剧增加的数据速率，这使得频谱利用成为未来无线网络领域中的一个重要问题。频谱共享已被广泛认为是一个短期可见成效的方法，用这种方法来传送 5G 内容能够增加无线接入网络容量。值得注意的是，未来无线网络频谱共享扩展了之前对于认知无线电频谱共享的研究，因为它有以下新特征：

(1) 共享频带的非均匀性。未来无线网络频谱共享在授权频段 (如欧洲 2.3~2.4GHz 频段和美国 3.55~3.65GHz 频段) 和非授权频段 (如 ISM 频段和电视白空间) 都可能发生。

(2) 共享模式的多样性。频谱使用潜在的一个显著特征就是多样性，即除了传统蜂窝网络的授权独占接入、许可/授权共享接入、未授权共享接入 (也称未授权频段的 LTE) 以及主用户/次级用户机会共享接入将并存。

(3) 共享设备的群智能化。个人无线设备的指数式增长造成了下一代蜂窝网络严重的频谱赤字现象。然而，无线传感器的丰富性、存储和计算资源的增长以及强大的可编程能力共同提高了个人无线设备的智能化水平。因此，在未来无线网络高效频谱共享技术的设计中，探索和开发众多个人无线设备的群智能效益将是一个关键的方面。

(4) 共享网络的超密集化。未来无线网络无线演变的一个主题是网络密集化，主要是通过增加基础设施节点的密度 (如基站和继电器) 和相应给定地理区域的网络终端实现。在超密集无线网络中高效的频谱共享技术被迫切需要来确保宏蜂窝、小蜂窝、毫微微蜂窝基站以及设备到设备 (device-to-device) 和机器到机器 (machine-to-machine) 通信和谐共存。

频谱共享的新特征带来了令人振奋的研究机会及关键技术挑战。为了充分利用频谱共享的益处，本章以优化无线电频谱使用为切入点，提出新的频谱共享思路和相应的关键使能技术。具体来说，下文首先引入一个新的概念——频联网 (internet of spectrum devices, IoSD)，然后构思未来无线网络中基于云架构的频联网，进一步介绍频联网关键使能技术之一，即大频谱数据挖掘。

9.2 频联网的概念

频谱设备可以分为两类：频谱监测设备 (spectrum monitoring devices) 和用频设备 (spectrum utilization devices)。频谱监测设备负责监测和感知各频带的状态，而用频设备利用频谱作为媒介传输数据。在传统 1G/2G/3G/4G 移动无线通信系统中，频谱监测设备和用频设备是各自区分开的，因为频谱利用是固定许可的，蜂窝网络中的频谱分配往往是预定义的。

为了解决下一代蜂窝网络中所谓的 1000 倍移动流量增长的难题，破除频谱和基础设施的传统历史限制，转向更加动态地利用共享资源 (例如，频谱、基站和处理能力)，被认为是一种实现频谱无边界、网络无边界 (spectrum without bounds and networks without borders) 的富有前景的构想。

实现这一构想将涉及更多的动态频谱共享，即将频谱资源转向需要它们的地方并加以充分利用。对此，我们在这里引入以下新概念：

频联网 (IoSD) 在众多频谱监测设备和各种用频设备中起到一个桥梁的作用，通过频谱云技术，包括大频谱数据挖掘、层次化频谱资源优化和面向用户体验的频谱服务评价来确保未来无线网络高效的频谱共享和管理模式。

引入频联网的益处包括 (但不限于) 如下:

(1) 通过频谱监测设备联网,频谱信息可以是来自多个源的组合,包括专业的频谱分析仪和群智的频谱传感器 (如智能手机、平板电脑和车载传感器),它们可以通过专用或是随机的方式被部署来共同完成一项特定的频谱监测任务。

(2) 通过用频设备联网,频谱资源可以通过频谱市场进行集中而直观的交易,这些资源来源于传统的行业参与者及个人。

(3) 通过频谱监测设备和用频设备联网,可以提供多元频谱服务,包括频谱利用率提高、频谱安全性保证以及频谱使用秩序维护。

9.3　频联网的体系架构

如图 9.1 所示,云架构被用于发展未来无线网络中的频联网。在架构的中心,频谱云是联结频谱监测设备和网络用频设备之间的桥梁。更确切地说,频谱云从各种频谱监测设备收集各种频谱监测信息,分配认知控制命令给用频设备。相反,用频设备需求和体验质量被传递给频谱云以进行闭环自适应调整,然后频谱云反馈按需监测需求给频谱监测设备。

值得注意的是,以下 3 个概念之间存在差异: 集中式认知无线电网络、分布式认知无线电网络以及本章所提出的基于云架构的频联网。不同于集中式认知无线电网络,基于云架构的频联网引入了虚拟现实的理念。也就是说,对于每个 (远程) 频谱决策实体,频谱云可以有一个虚拟代理对应。频谱云中的虚拟决策者以自组织、分布式的方式做出频谱决策 (例如,信道接入和功率控制),具有许多可贵的优点,尤其是当决策者的数量非常庞大的时候。这些优点包括:一方面,自组织特征对环境动态的鲁棒性,虚拟频谱决策者中分布式或并行式处理的特征可以利用频谱云环境下的多核或多服务器的计算能力大大提高计算效率和减少处理延迟;另一方面,不同于分布式认知无线网络,本章提出的基于云架构的频联网具有鲜明特征,频谱云对虚拟频谱决策优化拥有全局信息,而在传统的分布式认知无线网络中每个决策者只有局部信息;更重要的是,由于虚拟现实技术的运用,在频谱云算法迭代中相邻决策者之间的信息交换是虚拟的,这可以大大减少信息的开销。

据著者所知,频谱云概念已在近期的其他研究中有所报道。具体而言,在文献 [222] 中,实现云网络基础设施下的合作频谱感知,其目的是利用云计算的可扩展性和巨大的存储计算能力。在文献 [223] 中,频谱云概念是在多跳网络中作

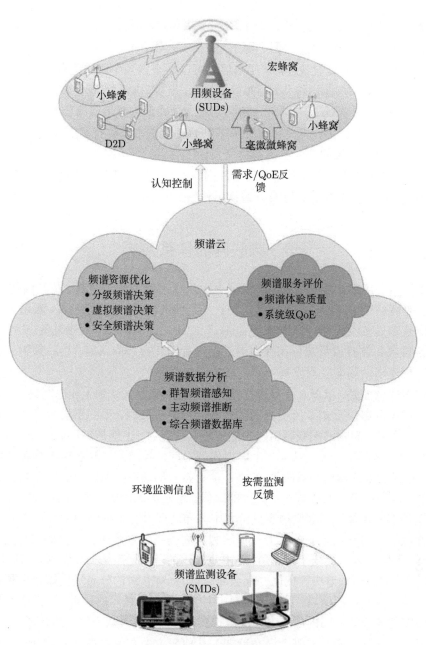

图 9.1　面向未来无线网络的频联网架构

为一种新的基于会话的频谱交易系统。与之前研究相比，本章提出的频谱云架构有两个关键的特点：第一，频谱云作为联结频谱监测设备和用频设备之间的桥梁，旨在为未来无线网络提供一个高效的频谱共享和管理模式；第二，该架构启用频谱云技术，包括大频谱数据分析、层次化的频谱资源优化和面向用户体验的频谱服务评价。

9.4　面向云化频联网的频谱大数据挖掘

在未来无线网络中，频谱数据将是一种独特的大数据。如图 9.2 所示，如果我们将一个给定地理区域作为一个图像帧，每个频谱数据对应一个像素，当频谱状态随时间演变时我们可以得到一个三维频谱视频，这种演变已被广泛认可为大数据中的最大类型。举例来说，如果我们使用 1byte 表示分辨率频带为 100kHz，时隙为 100ms，100m×100m 地理网格中的频谱数据，一周后，总数据频带范围为 0~5GHz，地理面积为 100km×100km 的数据大小如下：

$$7d/周×24h/d×3600s/h×5GHz/10kHz×(100km×100km)/(100m×100m)×1byte$$
$$=3.024×10^{17}byte/周$$
$$=3.024×10^{5}TB/周$$

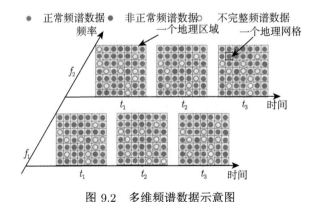

图 9.2　多维频谱数据示意图

相比之下，Facebook，一个著名的大数据的例子，每周大约产生 $3.5×10^{3}$TB 的数据。在同样的时间内，上述频谱数据的数量是 Facebook 的 80 倍以上。同时，频谱状态数据的体积随持续时间、频率范围和感兴趣的空间范围以及每个维度的相应分辨率的增加而增长。此外,如果我们考虑间接频谱数据,如用户数据、地形数据以及气象和水文数据,数据量将变得相当大。

频谱云架构的频联网中,大频谱数据分析考虑到了更完整地使用无线电频谱,对隐藏在频谱状态演变和频谱利用率背后的模式有了一个更深入的理解。大频谱数据分析的价值主要体现在更加全面精准的频谱建模和更加灵活精细的频谱管理,并且可以被多人共享。为了有效地从频谱数据中挖掘出有价值的东西,文献中对频谱感知、频谱预测、频谱数据库等问题进行了广泛的研究。下面我们将对几个新兴问题作简要说明。

9.4.1 群智频谱感知

频谱感知是一种有效的频谱信息采集和频谱识别技术。在物联网时代,这种技术从专业频谱感知趋向群智频谱感知。为了使频谱共享技术与未来无线网络兼容,建议采用价格和频谱测量性能指标相对较低的个人设备 (例如,智能手机、平板电脑和车载无线设备) 作为频谱传感器,而不是使用昂贵的专用频谱测量设备。然而,如图 9.2 所示,不可靠、不能信任甚至是恶意的频谱传感器可能会造成群感知数据的不确定性。我们先前的工作是开发了一个以数据清洗为基础的强大的群感知方案,强有力地从原始损坏的传感数据中清除非零异常数据部分而非传感数据本身。此外,还有其他没有解决的挑战,包括如何激励个人设备参与频谱测量并贡献感知数据,如何用随机到达 (移动) 群传感器确保实时频谱感知。

9.4.2 主动频谱推理

频谱推理,在时域被称为频谱预测,根据已知频谱数据推断未知频谱状态,有效地利用从频谱大数据中提取的统计相关性。主动频谱推理能够有效地利用频谱,展望未来。许多现实世界的频谱测量和分析显示,无线电频谱使用不是完全随机的,实际上相关性存在于时隙、频带和地理空间位置中,这使得研究方向从一维频谱预测向多维频谱推理扩展。到目前为止,这些基本问题仍然没有得到解决:

(1) 现有的研究没有明确解释异常,这可能会导致严重的性能下降;

(2) 研究者专注于批量频谱预测算法的设计,这限制了大规模实时数据分析的可扩展性;

(3) 研究者假定历史数据是完整的,在现实中可能不成立。

9.4.3 综合频谱数据库

对于频联网来说,频谱数据库是另一种很有前途的技术。图 9.3(a) 显示了其基本的操作过程。首先,有频谱需求的移动用户发送一个查询 (嵌入它的地理位置和发射功率) 到附近的基站 (base station, BS)。BS 将该查询转发给远程地理定位频谱数据库。数据库结合无线信号传播模型、用户的位置以及工作的发射机最新的参数计算该用户位置处的空置频段集 (图 9.3(b))，然后将频谱可用性信息通过 BS 反馈给用户。如图 9.3(b) 所示，当前频谱数据库系统的一个共同特点是它们本质上都是基于模型的方法，提供数据库服务需要联合使用信号传播模型、地形数据以及主次发射机的最新参数。该定位频谱数据库的关键部分就在于选择一个适合的传播模型。而目前的传播模型适合全国无线电覆盖规划，但在预测精确路径损耗时表现不佳，即使在相对简单的室外环境下。此外，在不同环境下，特定传播模型的适用性相差很大，相应参数的设置也大不相同。另外，我们最近的工作提出了一种数据驱动的方法 [224]，该方法通过从大频谱数据中学习频谱的可用性来建立一个数据库。此外，标准组织 IEEE 1900.6b 工作组致力于通过使用频谱感知信息来提高频谱数据库的信息和容量。未来研究的一个发展方向是在地理定位频谱数据库中结合移动群智频谱感知和主动频谱推断的概念，进一步校正传播模型，提高频谱预测的准确性。另一个类似的应用是开发一个无线电环境图，使群频谱数据可视化，用于帮助频谱监管机构和电信运营商做出决策。

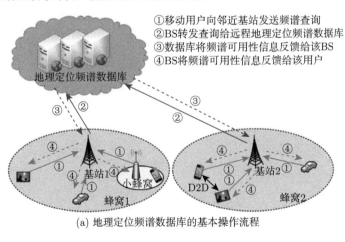

图 9.3　地理频谱数据库基本原理

9.5 本 章 小 结

本章介绍了频联网的概念和基于云架构的频联网，致力于通过网络频谱检测设备和网络用频设备实现未来无线网络中高效的频谱共享和频谱管理新范式。着重介绍了频联网的关键使能技术之一——频谱云中的大频谱数据分析。本章旨在丰富跨学科研究成果，以促进光明的愿景：频谱无边界，网络无边界。许多未解决的问题仍在等待解决方案。

第10章 电磁频谱大数据挖掘展望

> 想象力比知识更重要。因为知识是有限的，而想象力是无限的，它包含了一切，推动着进步，是人类进化的源泉。

——爱因斯坦

21 世纪是数据爆炸增长的时代，人类通过亿万个各类传感器将产生越来越多的数据，数据量级从 GB (gigabyte) 级和 TB 级逐步增长到 PB 级、EB 级甚至 ZB (zettabyte) 级。*Nature* 和 *Science* 分别于 2008 年、2011 年出版了 *Big Data* 和 *Dealing with Data* 专辑，指出大数据时代已到来。近年来，随着移动互联网与物联网的迅猛发展，无线设备的数量呈现指数级增长，随之产生的海量频谱数据与日俱增，频谱大数据的存在已成事实。同时，频谱赤字也日益严峻。为提高频谱利用率，有效的频谱大数据处理显得十分重要。本章从无线通信的角度，首先给出了频谱大数据的定义，并分析了它的基本特征。然后，总结了一些对于电磁频谱数据挖掘与利用颇具前景的机器学习方法，如分布式和并行式学习、极速学习、核学习、深度学习、强化学习、博弈学习和迁移学习。最后，给出了几个开放性话题和研究趋势。

10.1 电磁频谱大数据概念

频谱数据包括与频谱资源优化利用直接或间接相关的数据，主要有频谱感知数据、频谱政策数据、信道质量数据、电波传播模型数据、地理环境数据、用频用户需求数据、用户分布与活动数据、用户用频能力数据、无线网络拓扑数据、频谱干扰源数据等，每一类数据存在时间、空间、带宽、方向、强度、粒度、可用度等多个维度拓展，共同汇成了频谱大数据。与无线通信环境相关的频谱数据主要包括以下几个方面：

(1) 在时域、空域和频域上的无线电频谱状态数据，如空闲或者繁忙、信号能量值、信号特征等。

(2) 用户或者设备数据，如设备 ID、设备容量、用户频谱需求和用户反馈等。

(3) 环境信息，如地形数据、水文气象数据等。

频谱大数据 (big spectrum data)，作为大数据在无线或者无线电领域中的一种特定模式，是指无法使用传统的系统和工具进行处理和分析的海量复杂的频谱数据。如图 10.1 所示，用 5 个关键词来表征频谱大数据：规模 (volume)、多样 (variety)、高速 (velocity)、真实 (veracity) 和价值 (value)。

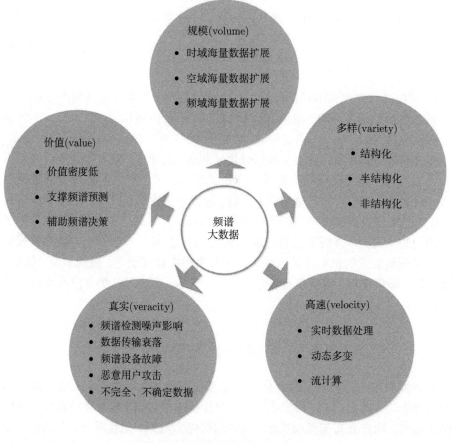

图 10.1　频谱大数据的基本特征

10.2　电磁频谱大数据的 5V 特性

下面将对频谱大数据的每一个特征进行详细分析。

10.2.1　频谱大数据的规模特性

很明显，大量 (volume) 无疑是大数据具备的一个基本属性。就频谱大数据而言，单以无线频谱状态数据为例，如图 10.2 所示，假设用 1byte 来表示一个 100m×100m 的空间网格内 100kHz 带宽在 100ms 时隙长度中的频谱感知能量值，那么存储在 100km×100km 空间范围内 0~5GHz 频段的总的数据规模将达到上百拍字节。

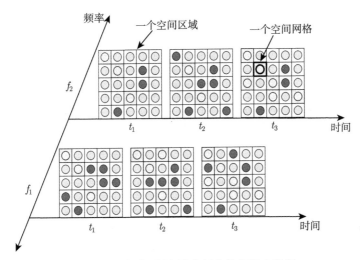

图 10.2　时–空–频多维空间中的频谱大数据

频谱状态数据的规模将从时域、空域和频域三个维度不断增长。而且，倘若我们进一步考虑用户或设备数据和地理、水文、气象等环境参数，产生的数据量将会更大，甚至有可能从拍字节 (petabyte) 变化到泽字节 (zettabyte，1zettabyte = 10^{21}byte)。对于海量频谱数据的分析与处理，成为当前数据处理系统的一大挑战，需要分布式和并行式的处理方法来加以应对。

10.2.2　频谱大数据的多样化特性

大数据的第二个属性是多样性 (variety)，即数据往往来自不同的数据源并具备不同的形式。对于频谱大数据而言，多样化的频谱数据主要来源于频谱感知和地理频谱数据库,可以从 4 个方面进行分类,如图 10.3 所示。

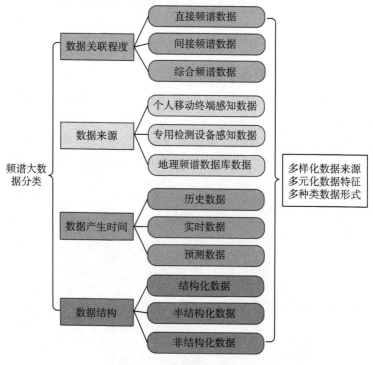

图 10.3　频谱大数据分类

从频谱数据的关联程度来看,可分为直接、间接和综合频谱数据。直接频谱数据主要是指频谱占用情况、频谱质量、频谱噪声和频谱干扰等。间接频谱数据包括时间信息、空间位置信息、地理信息、用频设备数据、用频规则与政策数据、作战频谱数据、干扰机位置、速度、装备干扰关系等。综合频谱数据包括频谱态势图、演化视频、文本、表格等。从频谱数据的来源来看,可以分为个人移动终端感知数据、专用检测设备感知数据和地理频谱数据库数据。从频谱数据的产生时间来看,可分为历史数据、实时数据和预测数据。从频谱数据的结构来看,可分为结构化、半结构化、非结构化数据。多源的频谱大数据往往呈现出异构特质,给传统的数据处理方法带来了难题,需要具备多领域处理功能的技术的产生。

10.2.3　频谱大数据的高速特性

大数据带来的另一挑战便是速度 (velocity),即数据以极快的速度产生,需要进行实时处理。否则,数据将稍纵即逝或者时延的处理机制得到的结果价值很低甚至是无用的。针对频谱大数据，以无线网络为例，频谱数据分析是发现频谱共享机会的基本手段，其功能主要是从频谱检测获取的数据中分析推断频谱演化态势，为频谱决策提供信息支撑。由于频谱环境的动态变化，快速的频谱数据处理是有效频谱预测与决策的前提条件，如图 10.4 所示，我们给出了一个频谱数据分析与预测、处理与决策的示意图。

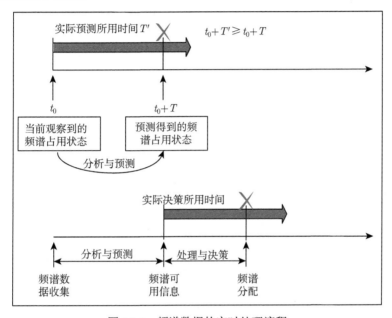

图 10.4　频谱数据的实时处理流程

在 t_0 时刻对于获取的频谱数据进行处理，如果实际用时 T' 大于频谱状态改变时间 T，由于频谱环境的时变特性，那么预测结果将不再具有价值，而且有可能是错误的判决，还会进一步影响到后面的频谱决策，导致占用冲突，降低频谱利用的有效性。因此，针对频谱数据处理中的时间敏感性，尤其在即将面临的频谱大数据环境下，快速实时处理和流计算机制是很值得关注与研究的。

10.2.4　频谱大数据的真实特性

真实性 (veracity) 主要是指数据的质量。由于大数据来源多样，在数据采集、整理、存储和传输的过程中，难免出现模糊、错误、属性丢失等现象，影响到数据本身的可信度。数据不完全、不确定是大数据在真实性方面常见的现象。对于频谱大数据而言，数据的真实性问题主要体现在以下几个方面：

(1) 频谱测量中固有的噪声影响；

(2) 频谱监测设备的测量误差以及偶发的设备故障误差；

(3) 异构频谱监测设备 (测量能力、精度不同) 引入的误差；

(4) 恶意用户上报的虚假频谱测量数据。

以认知无线网络 (cognitive radio network) 为例，对于频谱数据可能存在的真实性问题加以说明，如图 10.5 所示。对于数据融合中心来说，由于网络中存在恶意用户，因此，获取的频谱数据可能存在错误信息。另外，即使是诚实用户上传的数据，由于衰落、噪声的存在，也可能出现数据不完全、不确定的现象，这样的频谱数据质量问题会严重影响到融合中心的最终判决。因此，有效的数据修复和补全变得必要。此外，随着 5G 移动网络、物联网和 "互联网 +" 等新兴技术的不断发展，频谱数据量相比于认知无线网络场景下会更多，频谱大数据的真实性问题也需要引起研究者们更多的关注。

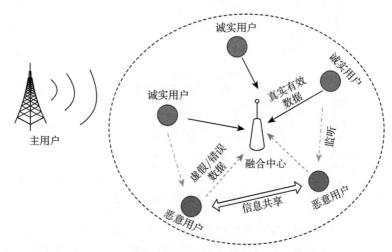

图 10.5　认知无线网络中频谱数据真实性问题描述

10.2.5　频谱大数据的价值特性

事实上，我们探索各式各样的数据处理技术，最终目的就是要从海量数据中提取有价值的信息，因此，价值 (value) 也成为大数据的显著特征之一。然而，从大量低价值密度的数据中获取重要的价值信息是项颇具挑战性的工作。对于频谱大数据而言，低价值密度主要体现在 3 个方面：

(1) 由于空间相关性，局部范围内的频谱数据可能存在较大的冗余；

(2) 由于时间相关性，同一设备在短时间内的样本存在冗余；

(3) 由于频率相关性，相邻频率上的频谱数据存在冗余。

因此，为有效获取频谱价值信息，更加智能的数据处理方法是当下急需的。

总的来说，以上 5 个方面从不同角度分析了频谱大数据的基本特征，它所带来的既有前所未有的机遇，也有难以应对的挑战，这些都需要利用新的数据分析方法，来从频谱数据中获取关于无线频谱使用的知识，去提高频谱决策效用。机器学习 (machine learning) 是使用计算机模拟技术对人类获取知识的学习过程进行研究的行为，并从中对现有知识进行创新，提升分析和解决问题的能力，它最本质的目的，就是从大量的数据分析中汲取知识。因此，大数据技术的目标实现与机器学习的发展必然密不可分，机器学习与大数据也成为数字领域最热的研究趋势。因此，为解决频谱赤字危机，挖掘频谱数据中的价值信息来辅助频谱决策，机器学习技术是不可或缺的有效方法。然而，就频谱大数据而言，由于数据的规模大、种类多、变化快，部分数据不完全、不确定和价值密度低等特性，传统数据上的机器学习方法很多已不再适用。因此，研究频谱大数据环境下的机器学习技术也将成为未来的热点话题。

10.3　电磁频谱大数据挖掘的研究趋势

在过去几年，虽然运用机器学习来分析和处理大数据的研究已经取得一定进展，然而，在无线通信领域，为应对频谱赤字危机，利用机器学习技术挖掘频谱大数据中隐藏的宝贵信息来实现无线网络中有效的频谱管理依然面临许多挑战。这里，我们将给出一些开放性话题和可能的研究趋势，以供读者做进一步的探索。

(1) 我们一提起大数据，经常会将数据挖掘、云计算、知识发现、信号处理等技术同机器学习联系起来，一方面是因为它们在海量数据处理方面可以发挥重要的作用，另一方面也在于它们之间有很强的相关性。在频谱大数据环境下，未来的发展必将向着技术融合的方向不断前进，然而，如何将这些智能处理方法集成到机器学习理论中去，将会是一个很值得研究的问题。

(2) 5G 移动网络、物联网和 "互联网 +" 等新兴技术的不断发展，使得无线业务量持续增长。这些不同领域的频谱数据具有一定的共性特征，也有各自的鲜明特点，如何利用机器学习方法针对特定领域中的频谱大数据进行分析处理依然是一项挑战性的工作。

(3) 频谱作为无线信号赖以传输的媒介，其中包含的海量频谱数据，对于管理者来说，将蕴含着巨大的商业价值。然而，有时，对于消费者来说，同时也涵盖着许多个人的隐私。因此，如何在运用机器学习和数据挖掘技术进行频谱数据分析利用的同时，还能保护用户的隐私安全，也将成为一个非常值得关注的问题。

随着未来无线通信系统 (如 5G/B5G 移动通信系统，第四代短波通信系统和面向物联网的无线通信系统等) 的研发在世界范围内逐步展开，电磁频谱大数据挖掘理论与方法将拥有广阔的应用前景，代表性的场景包括未来移动通信系统中的动态频谱共享、未来短波通信系统中的自动链路建立、Super WiFi 中的频谱态势信息获取、频谱监控与频谱警察、电磁频谱资源智能管理等。然而，实现上述应用愿景尚有不少开放性的问题值得研究。结合本书的主要研究内容，今后可以考虑对以下方面展开进一步的研究：

1) 研究面向未来无线网络的频谱大数据证析基础理论与应用

证析 (analytics) 是指基于量化数据进行分析以影响决策的实践。随着个人无线设备 (如智能手机、平板电脑、车载无线设备等) 的不断普及与移动互联网、移动社交网、物联网等的迅猛发展，无线网络已进入大数据时代，无线网络时时刻刻都在产生数量巨大、种类繁多、来源丰富、蕴含价值的频谱数据。至今，大多数频谱数据均被堆放在无人问津的角落或直接被删除。近年来，*Nature* 和 *Science* 上陆续报道利用来自移动运营商的蜂窝网络大数据，对人类活动规律进行探索的有趣研究[225-228]，引起了多学科学者广泛的关注。事实上，对大频谱数据的应用远不局限于此，不应该是简单的汇总数据，也不只是对已有数据进行动作延缓的事后分析，而是应该主动收集数据，有效分析数据，并作出实时反应。可以预见的是，大频谱数据证析理论与方法将在未来的软件定义网络 (soft-defined networks)[229-231] 和基于云的无线接入网络 (cloud-based radio access networks)[232-234] 中起到关键性作用，然而，相关的研究才刚刚起步。

2) 研究面向地理频谱数据仓库的数据分析理论与应用

如前文所述，当前关于地理频谱数据库的研究与开发主要是针对 TV 频段而设计的，关注的是为用户提供与位置相关的频谱可用信息，一般不维护历史频谱数据，精度和更新速度往往饱受诟病。与数据库不同，数据仓库系统更加关注对海量历史数据的保存、处理与分析，并且可以维护面向主题的、集成的、时变的、非易失的数据集合，更好地支撑决策过程[235]。因此，地理频谱数据仓库有望将频谱感知、频谱预测与频谱数据库等理论和方法进行集成研究，满足用户多样化用频需求，提高频谱可用信息的精度和更新速度。

3) 研究面向智能频谱服务的数据分析理论与应用

面对日益加深的电磁频谱资源危机，电磁频谱管理成为军民融合重大研究课题，被列入《统筹经济建设和国防建设 "十二五" 规划》20 个重大工程之中，引起国家和军队的高度重视。一方面，随着用频需求不断增长并呈现多样化，频谱的供需矛盾使得频谱管理实现高效服务变得更加困难。另一方面，用频设备类型、数量、需求和可利用的频谱资源等在瞬息万变的环境下呈现出高度的动态性，使得频谱管理必须高度智能化，具备人工可干预的自主认知能力，实现自主协同，提升快速反应和动态调整能力。因此，如何综合运用来自频谱检测网络、智能用频终端、互联网、情报网等的多源异构频谱数据，为智能频谱服务提供信息支持，是具有重要理论意义和实用价值的研究方向。

10.4　本 章 小 结

有效的频谱数据处理对于频谱资源管理具有重要的意义，然而伴随着信息技术的飞速发展，海量规模的复杂频谱大数据的产生给传统的数据处理系统带来了极大挑战。在本章中，我们主要分析了频谱大数据的特点，从五个方面对频谱大数据进行了阐述，并给出了一些开放性话题和研究趋势。对面向频谱大数据处理的机器学习方法这一领域的研究才刚刚开始，将更加智能、高效、便捷的学习技术应用于频谱数据处理依然有待在接下来的实际工作和研究中继续探索。

|REFERENCES|

[1] Goodman J M. HF Communication: Science and Technology. New York: Springer, 1992.

[2] 王金龙. 短波数字通信研究与实践. 北京: 科学出版社, 2013.

[3] Koski E, Furman W N, Nieto J, et al. Third Generation and Wideband HF Radio Communications. Norwood MA: Artech House, 2013.

[4] Copps M J. FCC Free Up Vacant TV Airwaves For Super Wi-Fi Technologies and Ohter Technologies. http://www.fcc.gov/leadership/michael-j-copps-statements[2019-09-21].

[5] Parrish K. First Super Wi-Fi Network in the U. S. Finally Deployed. http://www.tomshardware.com/news/White-Space-Super-Wi-Fi-Wilmington-Spectrum-Bridge-Hugh-MacRate, 14572.html[2019-07-02].

[6] Flores A B, Guerra R E, Knightly E W. IEEE 802.11 af: A standard for TV white space spectrum sharing. IEEE Communications Magazine, 2013, 51(10): 92-100.

[7] Attar A, Tang H, Vasilakos A V, et al. A survey of security challenges in cognitive radio networks: Solutions and future research directions. Proceedings of the IEEE, 2012, 100(12): 3172-3186.

[8] Fragkiadakis A G, Tragos E Z, Askoxylakis I G. A survey on security threats and detection techniques in cognitive radio networks. IEEE Communications Surveys & Tutorials, 2013, 15(1): 428-445.

[9] Han J W, Kamber M, Pei J. Data Mining: Concepts and Techniques. San Francisco CA: Morgan Kaufmann Publishers Inc., 2000: 1-18.

[10] Helstrom C W. Statistical Theory of Signal Detection. Oxford: Pergamon Press, 1960.

[11] Wilcox R R. Introduction to Robust Estimation and Hypothesis Testing. Waltham, Massachusetts: Academic Press, 2012.

[12] Letaief K, Zhang W.Cooperative communications for cognitive radio networks. Pro-

ceedings of the IEEE, 2009, 97(5): 878-893.

[13] Varshney P K. Distributed Detection and Data Fusion. New York: Springer-Verlag, 1996.

[14] Li H. Cooperative spectrum sensing via belief propagation in spectrum-heterogeneous cognitive radio systems. IEEE Wireless Communications and Networking Conference (WCNC), Sydney, 2010.

[15] Ding G R, Wang J L, Wu Q H, et al. Spectrum sensing in opportunity-heterogeneous cognitive sensor networks: How to cooperate?. IEEE Sensors Journal, 2013, 13(11): 4247-4255.

[16] Wu Q H, Ding G R, Wang J L, et al. Spatial-temporal opportunity detection for spectrum-heterogeneous cognitive radio networks: Two-dimensional sensing. IEEE Transactions on Wireless Communications, 2013, 12(12): 516-526.

[17] Yucek T, Arslan H. A survey of spectrum sensing algorithms for cognitive radio applications. IEEE Communications Surveys & Tutorials, 2009, 11(1): 116-130.

[18] Zeng Y H, Liang Y C, Hoang A T, et al. A review on spectrum sensing for cognitive radio: Challenges and solutions. EURASIP Journal on Advances in Signal Processing, 2010, (5): 1-15.

[19] Akyildiz I F, Lo B F, Balakrishnan R. Cooperative spectrum sensing in cognitive radio networks: A survey. Physical Communication, 2011, 4(1): 40-62.

[20] Rifà-Pous H, Blasco M J, Garrigues C. Review of robust cooperative spectrum sensing techniques for cognitive radio networks. Wireless Personal Communications, 2012, 67(2): 175-198.

[21] Axell E, Leus G, Larsson E G, et al. Spectrum sensing for cognitive radio: State-of-the-art and recent advances. IEEE Signal Processing Magazine, 2012, 29(3): 101-116.

[22] Cabric D S, Mishra S M, Brodersen R W. Implementation issues in spectrum sensing for cognitive radios. Conference Record of the Thirty-Eighth Asilomar Conference on Signals, Systems and Computers, 2004.

[23] Visotsky E, Kuffner S, Peterson R. On collaborative detection of TV transmissions in support of dynamic spectrum sharing. First IEEE International Symposium on New Frontiers in Dynamic Spectrum Access Networks, Baltimore MD, 2005.

[24] Kay S M. Fundamentals of Statistical Signal Processing, Volume 2: Detection Theory. New Jersey: Prentice Hall, 1998.

[25] Poor H V. An Introduction to Signal Detection and Estimation. New York: Springer-Verlag, 1994.

[26] Lerner R M. A matched filter detection system for complicated Doppler shifted signals. Information Theory, IRE Transactions on, 1960, 6(3): 373-385.

[27] Kim K, Akbar I A, Bae K K, et al. Cyclostationary approaches to signal detection and classification in cognitive radio // 2nd IEEE International Symposium on New Frontiers in Dynamic Spectrum Access Networks (DySPAN 2007), 2007.

[28] Lunden J, Koivunen V, Huttunen A, et al. Collaborative cyclostationary spectrum sensing for cognitive radio systems. IEEE Transactions on Signal Processing, 2009, 57(11): 4182-4195.

[29] Derakhshani M, Le-Ngoc T, Nasiri-Kenari M. Efficient cooperative cyclostationary spectrum sensing in cognitive radios at low SNR regimes. IEEE Transactions on Wireless Communications, 2011, 10(11): 3754-3764.

[30] Urkowitz H. Energy detection of unknown deterministic signals. Proceedings of the IEEE, 1967, 55(4): 523-531.

[31] Ma J, Li Y. Soft combination and detection for cooperative spectrum sensing in cognitive radio networks. IEEE Global Telecommunications Conference (GLOBECOM), 2007.

[32] Quan Z, Cui S, Sayed A H. Optimal linear cooperation for spectrum sensing in cognitive radio networks. IEEE Journal of Selected Topics in Signal Processing, 2008, 2(1): 28-40.

[33] Unnikrishnan J, Veeravalli V V. Cooperative sensing for primary detection in cognitive radio. IEEE Journal of Selected Topics in Signal Processing, 2008, 2(1): 18-27.

[34] Taricco G. Optimization of linear cooperative spectrum sensing for cognitive radio networks. IEEE Journal of Selected Topics in Signal Processing, 2011, 5(1): 77-86.

[35] Choi K W, Hossain E, Kim D I. Cooperative spectrum sensing under a random geometric primary user network model. IEEE Transactions on Wireless Communications, 2011, 10(6): 1932-1944.

[36] Wu Q H, Ding G R, Wang J L, et al. Consensus-based decentralized clustering for cooperative spectrum sensing in cognitive radio networks. Chinese Science Bulletin, 2012, 57(28-29): 3677-3683.

[37] Ding G R, Wu Q H, Song F, et al. Decentralized sensor selection for cooperative spectrum sensing based on unsupervised learning // IEEE International Conference on Communications, 2012.

[38] Cattivelli F S, Sayed A H. Distributed detection over adaptive networks using diffusion adaptation. IEEE Transactions on Signal Processing, 2011, 59(5): 1917-1932.

[39] Zhang Z, Han Z, Li H, et al. Belief propagation based cooperative compressed spectrum sensing in wideband cognitive radio networks. IEEE Transactions on Wireless Communications, 2011, 10(9): 3020-3031.

[40] Penna F, Garello R. Decentralized Neyman-Pearson test with belief propagation for peer-to-peer collaborative spectrum sensing. IEEE Transactions on Wireless Communications, 2012, 11(5): 1881-1891.

[41] Li Z, Yu F R, Huang M. A distributed consensus-based cooperative spectrum-sensing scheme in cognitive radios. IEEE Transactions on Vehicular Technology, 2010, 59(1): 383-393.

[42] Zhang W, Letaief K B. Cooperative spectrum sensing with transmit and relay diversity in cognitive radio networks. IEEE Transactions on Wireless Communications, 2008, 12(7): 4761-4766.

[43] Ganesan G, Li Y. Cooperative spectrum sensing in cognitive radio, part I: Two user networks. IEEE Transactions on Wireless Communications, 2007, 6(6): 2204-2213.

[44] Ganesan G, Li Y. Cooperative spectrum sensing in cognitive radio, part II: Multiuser networks. IEEE Transactions on Wireless Communications, 2007, 6(6): 2214-2222.

[45] Zou Y, Yao Y D, Zheng B. Cooperative relay techniques for cognitive radio systems: Spectrum sensing and secondary user transmissions. IEEE Communications Magazine, 2012, 50(4): 98-103.

[46] Pandharipande A, Linnartz J P. Performance analysis of primary user detection in a multiple antenna cognitive radio // IEEE International Conference on Communications, 2007.

[47] Kim S, Lee J, Wang H, et al. Sensing performance of energy detector with correlated multiple antennas. IEEE Signal Processing Letters, 2009, 16(7): 671.

[48] Zhang R, Lim T J, Liang Y C, et al. Multi-antenna based spectrum sensing for cognitive radios: A GLRT approach. IEEE Transactions on Communications, 2010, 58(1): 84-88.

[49] Taherpour A, Nasiri-Kenari M, Gazor S. Multiple antenna spectrum sensing in cognitive radios. IEEE Transactions on Wireless Communications, 2010, 9(2): 814-823.

[50] Umebayashi K, Lehtomaki J J, Yazawa T, et al. Efficient decision fusion for cooperative spectrum sensing based on OR-rule. IEEE Transactions on Wireless Communications, 2012, 11(7): 2585-2595.

[51] Rossi P S, Ciuonzo D, Romano G. Orthogonality and cooperation in collaborative spectrum sensing through MIMO decision fusion. IEEE Transactions on Wireless Communications, 2013, 12(11): 5826-5836.

[52] Sun C, Zhang W, Letaief K. Cooperative spectrum sensing for cognitive radios under bandwidth constraints // IEEE Wireless Communications and Networking Conference, 2007.

[53] Mustonen M, Matinmikko M, Mammela A. Cooperative spectrum sensing using quantized soft decision combining // 4th International Conference on Cognitive Radio Oriented Wireless Networks and Communications, 2009.

[54] Yang Y, Liu Y, Zhang Q, et al. Cooperative boundary detection for spectrum sensing using dedicated wireless sensor networks. IEEE INFOCOM2010, 2010.

[55] Clancy T C, A. Khawar A, Newman T R. Robust signal classification using unsupervised learning. IEEE Transactions on Wireless Communications, 2011, 10(4): 1289-1299.

[56] Han W, Li J, Liu Q, et al. Spatial false alarms in cognitive radio. IEEE Communications Letters, 2011,15(5): 518-520.

[57] Han W, Li J, Li Z, et al. Spatial false alarm in cognitive radio network. IEEE Transactions on Signal Processing, 2013, 61(6): 1375-1388.

[58] Vempaty A, Lang T, Varshney P. Distributed inference with Byzantine data: State-of-the-art review on data falsification attacks. IEEE Signal Processing Magazine, 2013, 30(5): 65-75.

[59] Fatemieh O, Chandra R, Gunter C A. Secure collaborative sensing for crowd sourcing spectrum data in white space networks. IEEE Symposium on New Frontiers in Dynamic Spectrum Access Networks (DySPAN), 2010.

[60] Wang W K, Li H S, Sun Y, et al. Securing collaborative spectrum sensing against untrustworthy secondary users in cognitive radio networks. EURASIP Journal on Advances in Signal Processing, 2010. https://asp-eurasipjournals.springeropen.com/articles/10.1155/2010/695750[2019-12-30].

[61] Yao J, Wu Q, Wang J. Attacker detection based on dissimilarity of local reports in collaborative spectrum sensing. IEICE Transactions on Communications, 2012, 95(9): 3024-3027.

[62] Ding G R, Wu Q H, Yao Y D, et al. Kernel-based learning for statistical signal processing in cognitive radio networks: Theoretical foundations, example applications, and future directions. IEEE Signal Processing Magazine, 2013, 30(4): 126-136.

[63] Min A W, Shin K G, Xin H. Secure cooperative sensing in IEEE 802.22 WRANs using shadow fading forrelation. IEEE Transactions on Mobile Computing, 2011, 10(10): 1434-1447.

[64] Qin Z R, Li Q, Hsieh G. Defending against cooperative attacks in cooperative spectrum sensing. IEEE Transactions on Wireless Communications, 2013, 12(6): 2680-2687.

[65] Jana S, Zeng K, Mohapatra P. Trusted collaborative spectrum sensing for mobile cognitive radio networks. IEEE INFOCOM2012, 2012.

[66] Zeng K, Paweczak P, Cabric D. Reputation-based cooperative spectrum sensing with trusted nodes assistance. IEEE Communications Letters, 2010, 14(3): 226-228.

[67] Chen R, Park J M, Bian K. Robust distributed spectrum sensing in cognitive radio networks // the 27th Conference on Computer Communications (INFOCOM), 2008.

[68] Ding G R, Wang J L, Wu Q H, et al. Robust spectrum sensing with crowd sensors. IEEE Transactions on Communications, 2014, 62(9): 3129-3143.

[69] Mishra S M. Maximizing Available Spectrum for Cognitive Radios. Berkeley: University of California at Berkeley, 2009.

[70] Yin S, Chen D, Zhang Q, et al. Mining spectrum usage data: A large-scale spectrum measurement study. IEEE Transactions on Mobile Computing, 2012, 11(6): 1033-1046.

[71] van de Beek J, Riihijarvi J, Achtzehn A, et al. TV white space in Europe. IEEE Transactions on Mobile Computing, 2012, 11(2): 178-188.

[72] López-Beníez M, Casadevall F. Spectrum usage models for the analysis, design and simulation of cognitive radio networks. Cognitive Radio and Its Application for Next Generation Cellular and Wireless Networks: Springer, 2012: 27-73.

[73] Wellens M. Empirical Modelling of Spectrum Use and Evaluation of Adaptive Spectrum Sensing in Dynamic Spectrum Access Networks. Aachen: RWTH Aachen University, 2010.

[74] Li X. Traffic pattern prediction and performance investigation for cognitive radio systems. IEEE Wireless Communications and Networking Conference, 2008.

[75] Yin S, Chen D, Zhang Q, et al. Prediction-based throughput optimization for dynamic spectrum access. IEEE Transactions on Vehicular Technology, 2011, 60(3): 1284-1289.

[76] Guan Q, Yu R F, Jiang S, et al. Prediction-based topology control and routing in cognitive radio mobile ad hoc networks. IEEE Transactions on Vehicular Technology, 2010, 59(9): 4443-4452.

[77] Xing X, Jing T, Cheng W, et al. Spectrum prediction in cognitive radio networks. IEEE Wireless Communications, 2013, 20(2): 90-96.

[78] Kumar P A, Singh S, Zheng H. Reliable open spectrum communications through proactive spectrum access. the First International Workshop on Technology and Policy for Accessing Spectrum, 2006.

[79] Geirhofer S, Tong L, Sadler B M. Dynamic spectrum access in the time domain: Modeling and exploiting white space. IEEE Communications Magazine, 2007, 45(5): 66-72.

[80] Wen Z, Luo T, Xiang W, et al. Autoregressive spectrum hole prediction model for cognitive radio systems // IEEE International Conference on Communications Workshops, 2008.

[81] Gorcin A, Celebi H, Qaraqe K A, et al. An autoregressive approach for spectrum occupancy modeling and prediction based on synchronous measurements. IEEE 22nd International Symposium on Personal Indoor and Mobile Radio Communications, 2011.

[82] Yarkan S, Arslan H. Binary time series approach to spectrum prediction for cognitive radio // IEEE 66th Vehicular Technology Conference (VTC2007-Fall), 2007.

[83] Su J, Wu W. Wireless spectrum prediction model based on time series analysis method// Proceedings of the 2009 ACM Workshop on Cognitive Radio Networks, 2009.

[84] Ghosh C, Cordeiro C, Agrawal D P, et al. Markov chain existence and hidden Markov models in spectrum sensing. IEEE International Conference on Pervasive Computing and Communications (PerCom), 2009.

[85] Li Y, Dong Y N, Zhang H, et al. Spectrum usage prediction based on high-order markov model for cognitive radio networks // IEEE 10th International Conference on Computer and Information Technology, 2010.

[86] Tumuluru V K, Wang P, Niyato D. A neural network based spectrum prediction scheme for cognitive radio // IEEE International Conference on Communications, 2010.

[87] Taj M I, Akil M. Cognitive radio spectrum evolution prediction using artificial neural networks based multivariate time series modelling. 11th European Wireless Conference 2011-Sustainable Wireless Technologies (European Wireless), 2011.

[88] Hossain K, Champagne B. Wideband spectrum sensing for cognitive radios with correlated subband occupancy. IEEE Signal Processing Letters, 2011, 18(1): 35-38.

[89] Hossain K, Assra A. Cooperative multiband joint detection with correlated spectral occupancy in cognitive radio networks. IEEE Transactions on Signal Processing, 2012, 60(5): 2682-2687.

[90] Li H S. Reconstructing spectrum occupancies for wideband cognitive radio networks: A matrix completion via belief propagation. 2010 IEEE International Conference on Communications, 2010.

[91] Li H S, Qiu R C. A graphical framework for spectrum modeling and decision making in cognitive radio networks. Global Telecommunications Conference. IEEE, 2011.

[92] Kim S J, Dall'Anese E, Giannakis G B. Cooperative spectrum sensing for cognitive radios using Kriged Kalman filtering. IEEE Journal of Selected Topics in Signal Processing, 2011, 5(1): 24-36.

[93] Dall'Anese E, Kim S J, Giannakis G B. Channel gain map tracking via distributed Kriging. IEEE Transactions on Vehicular Technology, 2011, 60(3): 1205-1211.

[94] Kim S J, Giannakis G B. Cognitive radio spectrum prediction using dictionary learning. in IEEE Global Commun. Conf (GLOBECOM), 2013.

[95] Marcus M J, Kolodzy P, Lippman A. Reclaiming the vast wasteland: Why unlicensed use of the white space in the TV bands will not cause interference to DTV viewers. New America Foundation: Wireless Future Program, 2005.

[96] Celebi H, Arslan H. Utilization of location information in cognitive wireless networks. IEEE Wireless Communications, 2007, 14(4): 6-13.

[97] Shellhammer S J, Tandra R, Tomcik J. Performance of power detector sensors of DTV signals in IEEE 802.22 WRANs. First International Workshop on Technology and Policy for Accessing Spectrum, 2006.

[98]   Stuber G, Almalfouh S M, Sale D. Interference analysis of TV-band whitespace. Proceedings of the IEEE, 2009, 97(4): 741-754.

[99]   IEEE Standard for Information technology–Local and metropolitan area networks– Specific requirements–Part 22: Cognitive Wireless RAN Medium Access Control (MAC) and Physical Layer (PHY) specifications: Policies and procedures for operation in the TV Bands, 2010. https://ieeexplore.ieee.org/document/5621025[2019-10-29].

[100] Stevenson C R, Chouinard G, Lei Z, et al. IEEE 802.22: The first cognitive radio wireless regional area network standard. IEEE Communications Magazine, 2009, 47(1): 130-138.

[101] Ofcom. Digital Dividend: Cognitive Access. 2009.

[102] Fitch M, Nekovee M, Kawade K, et al. Wireless service provision in TV white space with cognitive radio technology: A telecom operator's perspective and experience. IEEE Communications Magazine, 2011, 49(3): 64-73.

[103] Zhao Y, Gaeddert J, Bae K K, et al. Radio environment map enabled situation-aware cognitive radio learning algorithms. Software Defined Radio Forum Technical Conference, 2006.

[104] Gurney D, Buchwald G, Ecklund L, et al. Geo-location database techniques for incumbent protection in the TV white space. 3rd IEEE Symposium on New Frontiers in Dynamic Spectrum Access Networks (DySPAN), 2008.

[105] Mishra M, Sahai A. How much white space is there?. EECS Department, University of California, Berkeley, Tech. Rep. UCB/EECS-2009-3, 2009.

[106] Nekovee M. Quantifying the availability of TV white spaces for cognitive radio operation in the UK // IEEE International Conference on Communications (ICC) Workshops, 2009.

[107] FCC. In the matter of unlicensed operation in the TV broadcast bands: Second memorandum opinion and order, 2010. http://www.fcc.gov[2019-12-30].

[108] FCC. Second memorandum opinion and order in the matter of unlicensed operation in the TV broadcast bands and additional spectrum for unlicensed devices below 900 MHz and in the 3GHz band, 2010.

[109] Karimi H R. Geolocation databases for white space devices in the UHF TV bands: Specification of maximum permitted emission levels. 2011 IEEE Symposium on New Frontiers in Dynamic Spectrum Access Networks (DySPAN), 2011.

[110] Murty R, Chandra R, Moscibroda T, et al. SenseLess: A database-driven white spaces network. IEEE Transactions on Mobile Computing, 2012, 11(2): 189-203.

[111] Chen X, Huang J W. Database-assisted distributed spectrum sharing. IEEE Journal on Selected Areas in Communications, 2013, 31(11): 2349-2361.

[112] Feng X, Zhang Q, Zhang J. A hybrid pricing framework for TV white space database. IEEE Transactions on Wireless Communications, 2104, 13(5): 2626-2635.

[113] TV White Space Database: Protected Entity Registration and Data Portal. http://whitespaces.spectrumbridge.com/Main.aspx[2019-12-30].

[114] Google-Spectrum Database. http://www.google.com/get/spectrumdatabase/[2019-12-30].

[115] Key Bridge Global LLC. https://keybridgeglobal.com/[2019-06-22].

[116] Telcordia. White Space Database: Capitalize on Dynamic Spectruum Access Opportunities. https://prism.telcordia.com/tvws/main/home/index.shtml[2019-06-25].

[117] Phillips C T, Sicker D, Grunwald D. Bounding the error of path loss models. 2011 IEEE Symposium on New Frontiers in Dynamic Spectrum Access Networks (DySPAN), 2011.

[118] Phillips C, Sicker D, Grunwald D. A survey of wireless path loss prediction and coverage mapping methods. IEEE Communications Surveys & Tutorials, 2013, 15(1): 255-270.

[119] Ribeiro J C. Testbed for combination of local sensing with geolocation database in real environments. IEEE Wireless Communications, 2012, 19(4): 59-66.

[120] Wang J L, Ding G R, Wu Q H, et al. Spatial-temporal spectrum hole discovery: A hybrid spectrum sensing and geolocation database framework. Chinese Science Bulletin, 2014, 59(16): 1896-1902.

[121] Lee W, Cho D H. Comparison of channel state acquisition schemes in cognitive radio environment. IEEE Transactions on Wireless Communications, 2014, 13(4): 2295-2307.

[122] Defense Advanced Research Projects Agency (DARPA). Advanced RF Mapping (Radio Map). Broad Agency Announcement (BAA)-12-26, 2012.

[123] Barrie M, Delaere S, Sukareviciene G, et al. Geolocation database beyond TV white spaces? Matching applications with database requirements // 2012 IEEE International Symposium on Dynamic Spectrum Access Networks (DySPAN), 2012.

[124] Ojaniemi J, Poikonen J, Wichman R. Effect of geolocation database update algorithms to the use of TV white spaces. 7th International ICST Conference on Cognitive Radio Oriented Wireless Networks and Communications, 2012.

[125] The Federal Communications Commission. White Space Database Administrators. 2012. http://www.fcc.gov/encyclopedia/white-space-database-administrators-guide[2019-09-21].

[126] Mitola J, Guerci J, Reed J, et al. Accelerating 5G QoE via public-private spectrum sharing. IEEE Communications Magazine, 2014, 52(5): 77-85.

[127] Choi Y J, Shin K G. Opportunistic access of TV spectrum using cognitive-radio-enabled cellular networks. IEEE Transactions on Vehicular Technology, 2011, 60(8): 3853-3864.

[128] Urgaonkar R, Neely M J. Opportunistic cooperation in cognitive femtocell networks. IEEE Journal on Selected Areas in Communications, 2012, 30(3): 607-616.

[129] ElSawy H, Hossain E. Two-tier hetNets with cognitive femtocells: Downlink performance modeling and analysis in a multichannel environment. IEEE Transactions on Mobile Computing, 2014, 13(3): 649-663.

[130] Wu Q H, Ding G R, Xu Y H, et al. Cognitive internet of things: A new paradigm beyond connection. IEEE Internet of Things Journal, 2014, 1(2): 129-143.

[131] FCC. Spectrum policy task force report. http://apps.fcc.gov/edocs_public/attachmatch/DOC-228542A1.pdf[2019-12-30].

[132] Pei Y, Liang Y C, Teh K C, et al. Energy-efficient design of sequential channel sensing in cognitive radio networks: Optimal sensing strategy, power allocation, and sensing order. IEEE Journal on Selected Areas in Communications, 2011, 29(8): 1648-1659.

[133] Zhi Q, Cui S, Poor H V, et al. Collaborative wideband sensing for cognitive radios. IEEE Signal Processing Magazine, 2008, 25(6): 60-73.

[134] Min A W, Zhang X, Hin K G. Detection of small-scale primary users in cognitive radio networks. IEEE Journal on Selected Areas in Communications, 2011, 29(2): 349-361.

[135] Taricco G. On the accuracy of the Gaussian approximation with linear cooperative spectrum sensing over Rician fading channels. IEEE Signal Processing Letters, 2010, 17(7): 651-654.

[136] Umar R, Sheikh A H, Deriche M. Unveiling the hidden assumptions of energy detector based spectrum sensing for cognitive radios. IEEE Communications Surveys & Tutorials, 2014, 16(2): 713-728.

[137] Niu R, Chen B, Varshney P K. Fusion of decisions transmitted over Rayleigh fading channels in wireless sensor networks. IEEE Transactions on Signal Processing, 2006, 54(3): 1018-1027.

[138] Ciuonzo D, Romano G, Salvo Rossi P. Channel-aware decision fusion in distributed MIMO wireless sensor networks: Decode-and-fuse vs. decode-then-fuse. IEEE Transactions on Wireless Communications, 2012, 11(8): 2976-2985.

[139] Huan X, Caramanis C, Sanghavi S. Robust PCA via outlier pursuit. IEEE Transactions on Information Theory, 2012, 58(5): 3047-3064.

[140] Boyd S, Parikh N, Chu E, et al. Distributed optimization and statistical learning via the alternating direction method of multipliers. Foundations and Trends in Machine Learning, 2011, 3(1): 1-122.

[141] Cai J F, Candès E J, Shen Z. A singular value thresholding algorithm for matrix completion. SIAM Journal on Optimization, 2010, 20(4): 1956-1982.

[142] Goldfarb D, Ma S. Convergence of fixed-point continuation algorithms for matrix rank minimization. Foundations of Computational Mathematics, 2011, 11(2): 183-210.

[143] Shellhammer S, Tawil V, Chouinard G, et al. Spectrum sensing simulation model. IEEE 802.22-06/0028r10, 2006.

[144] Zhou Z H, Li X D, Wright J, et al. Stable principal component pursuit // 2010 IEEE International Symposium on Information Theory Proceedings (ISIT), 2010.

[145] Candes E J, Plan Y. Matrix completion with noise. Proceedings of the IEEE, 2010, 98(6): 925-936.

[146] Duan D, Yang L, Principe J C. Cooperative diversity of spectrum sensing for cognitive radio systems. IEEE Transactions on Signal Processing, 2010, 58(6): 3218-3227.

[147] Mark B L, Nasif A O. Estimation of maximum interference-free power level for opportunistic spectrum access. IEEE Transactions on Wireless Communications, 2009, 8(5): 2505-2513.

[148] Ganesan G, Li Y, Bing B, et al. Spatiotemporal sensing in cognitive radio networks. IEEE Journal on Selected Areas in Communications, 2008, 26(1): 5-12.

[149] Zhang Z, Li H, Yang D, et al. Space-time bayesian compressed spectrum sensing for wideband cognitive radio networks. IEEE International Symposium on New Frontiers in Dynamic Spectrum Access Networks (DySPAN), 2010.

[150] Do T, Mark B L. Joint spatial–temporal spectrum sensing for cognitive radio networks. IEEE Transactions on Vehicular Technology, 2010, 59(7): 3480-3490.

[151] Tandra R, Sahai A, Veeravalli V. Unified space-time metrics to evaluate spectrum sensing. IEEE Communications Magazine, 2011, 49(3): 54-61.

[152] Ma J, Li G Y, Juang B H. Signal processing in cognitive radio. Proceedings of the IEEE, 2009, 97(5): 805-823.

[153] Vapnik V. The Nature of Statistical Learning Theory. New York: Springer-Verlag, 2000.

[154] Gudmundson M. Correlation model for shadow fading in mobile radio systems. Electronics Letters, 1991, 27(23): 2145-2146.

[155] Xu Y H, Wang J L, Wu Q H, et al. Opportunistic spectrum access in cognitive radio networks: Global optimization using local interaction games. IEEE Journal of Selected Topics in Signal Processing, 2012, 6(2): 180-194.

[156] Xu Y H, Wang J L, Wu Q H, et al. Opportunistic spectrum access in unknown dynamic environment: A game-theoretic stochastic learning solution. IEEE Transactions on Wireless Communications, 2012, 11(4): 1380-1391.

[157] Sohn S H, Jang S J, Kim J M. HMM-based adaptive frequency-hopping cognitive radio system to reduce interference time and to improve throughput. KSII Transactions on Internet and Information Systems, 2010, 4(4): 475-490.

[158] Fano R M. Transmission of information: A statistical theory of communications. American Journal of Physics, 2005, 29(11): 793-794.

[159] Mazumder R, Hastie T, Tibshirani R. Spectral regularization algorithms for learning large incomplete matrices. The Journal of Machine Learning Research, 2010, 11: 2287-2322.

[160] Cover T M, Thomasú J A. Elements of Information Theory. New Jersey: John Wiley & Sons, 2012.

[161] Han T S, Verdú S. Generalizing the Fano inequality. IEEE Transactions on Information Theory, 1994, 40(4): 1247-1251.

[162] Ruel J J, Ayres M P. Jensen's inequality predicts effects of environmental variation. Trends in Ecology & Evolution, 1999, 14(9): 361-366.

[163] Fisher R A. Contributions to Mathematical Statistics. New York: Wiley, 1950.

[164] Aizerman A, Braverman E M, Rozoner L. Theoretical foundations of the potential function method in pattern recognition learning. Automation and Remote Control, 1964, 25: 821-837.

[165] Muller K, Mika S, Ratsch G, et al. An introduction to kernel-based learning algorithms. IEEE Transactions on Neural Networks, 2001, 12(2): 181-201.

[166] Cristianini N, Shawe-Taylor J. An Introduction to Support Vector Machines and Other Kernel-Based Learning Methods. Cambridge: Cambridge University Press, 2000.

[167] Scholkopf B, Smola A J. Learning with Kernels: Support Vector Machines, Regularization, Optimization, and Beyond. Massachusetts: MIT press, 2001.

[168] Fukumizu K, Bach F R, Jordan M I. Dimensionality reduction for supervised learning with reproducing kernel Hilbert spaces. The Journal of Machine Learning Research, 2004, 5: 73-99.

[169] Liu W, Principe J C, Haykin S. Kernel Adaptive Filtering: A Comprehensive Introduction. New Jersey: John Wiley & Sons, 2011.

[170] Theodoridis S, Slavakis K, Yamada I. Adaptive learning in a world of projections. IEEE Signal Processing Magazine, 2011, 28(1): 97-123.

[171] Mika S, Ratsch G, Weston J, et al. Fisher discriminant analysis with kernels. Neural Networks for Signal Processing IX, 1999.

[172] Forero A P, Kekatos V, Giannakis G B. Robust clustering using outlier-sparsity regularization. IEEE Transactions on Signal Processing, 2012, 60(8): 4163-4177.

[173] Bock H H. Clustering methods: A history of K-means algorithms//Selected Contributions in Data Analysis and Classification. New York: Springer, 2007.

[174] Jain A K. Data clustering: 50 years beyond K-means. Pattern Recognition Letters, 2010, 31(8): 651-666.

[175] Theodoridis S, Koutroumbas K. Pattern recognition. IEEE Transactions on Neural Networks, 2008, 19(2): 376.

[176] Friedman J, Hastie T, Höling H, et al. Pathwise coordinate optimization. The Annals of Applied Statistics, 2007, 1(2): 302-332.

[177] Hu N, Yao Y D. Identification of legacy radios in a cognitive radio network using a radio frequency fingerprinting based method // 2012 IEEE International Conference on Communications, 2012.

[178] Lau K W, Yin H, Hubbard S. Kernel self-organising maps for classification. Neurocomputing, 2006, 69(16): 2033-2040.

[179] Kivinen J, Smola A J, Williamson R C. Online learning with kernels. IEEE Transactions on Signal Processing, 2004, 52(8): 2165-2176.

[180] Slavakis K, Theodoridis S, Yamada I. Online kernel-based classification using adaptive projection algorithms. IEEE Transactions on Signal Processing, 2008, 56(7): 2781-2796.

[181] Bouboulis P, Theodoridis S. Extension of Wirtinger's calculus to reproducing kernel Hilbert spaces and the complex kernel LMS. IEEE Transactions on Signal Processing, 2011, 59(3): 964-978.

[182] Rappaport T S. Wireless Communications: Principle and Practice. New Jersey: Prentice Hall PTR, 1996.

[183] Hufford G A, Longley A G, Kissick W A. A guide to the use of the ITS irregular terrain model in the area prediction mode. NASA STI/Recon Technical Report N, 1982.

[184] Goldsmith A. Wireless Communications. Cambridge: Cambridge University Press, 2005.

[185] Vu M, Devroye N, Tarokh V. The primary exclusive region in cognitive networks. 5th IEEE Consumer Communications and Networking Conference (CCNC), 2008: 1014-1019.

[186] Ganti R K, Fan Y, Hui L. Mobile crowdsensing: Current state and future challenges. IEEE Communications Magazine, 2011, 49(11): 32-39.

[187] Yang D J, Xue G L, Fang X, et al. Crowdsourcing to smartphones: Incentive mechanism design for mobile phone sensing. Proceedings of the 18th Annual International Conference on Mobile Computing and Networking, 2012.

[188] Nowak M A.Five rules for the evolution of cooperation. Science, 2006, 314 (5805): 1560-1563.

[189] Pinsent A. Evolution, Games, and God: The Principle of Cooperation. Cambridge: Harvard University Press, 2013.

[190] Wang D, Kaplan L, Le H, et al. On truth discovery in social sensing: A maximum likelihood estimation approach. Proceedings of the 11th International Conference on

Information Processing in Sensor Networks, 2012.

[191] Gonzalez M C, Hidalgo C A, Barabasi A L. Understanding individual human mobility patterns. Nature, 2008, 453(7196): 779-782.

[192] Cressie N. Statistics for spatial data. Terra Nova, 1992, 4(5): 613-617.

[193] Cressie N. Kriging nonstationary data. Journal of the American Statistical Association, 1986, 81(395): 625-634.

[194] Li J, Australia G. A Review of Spatial Interpolation Methods for Environmental Scientists. Geoscience Australia Canberra, 2008.

[195] Ma S, Goldfarb D, Chen L. Fixed point and Bregman iterative methods for matrix rank minimization. Mathematical Programming, 2011, 128(1-2): 321-353.

[196] Chang C-C, Lin C-J. LIBSVM: A library for support vector machines. ACM Transactions on Intelligent Systems and Technology, 2011, 2(3): 27.

[197] Pedregosa F, Varoquaux G, Gramfort A, et al. Scikit-learn: Machine learning in python. Journal of Machine Learning Research, 2011, 12: 2825-2830.

[198] Pekka Jänis, Yu C H, Doppler K, et al. Device-to-device communication underlaying cellular communications systems. International Journal of Communications, Network and System Sciences, 2009, 2(3): 169-178.

[199] Kang K M, Park J, Cho S I, et al. Deployment and coverage of cognitive radio networks in TV white space. IEEE Communications Magazine, 2012, 50(12): 88-94.

[200] Tandra R, Sahai A, Mishra S M. What is a spectrum hole and what does it take to recognize one?. Proceedings of the IEEE, 2009, 97(5): 824-848.

[201] Tang M, Ding G, Wu Q, et al. A joint tensor completion and prediction scheme for multi-dimensional spectrum map construction. IEEE Access, 2016, 4(99): 8044-8052.

[202] Agrawal R, Faloutsos C, Swami A N. Efficient similarity search in sequence databases. Proceedings of the 4th International Conference on Foundations of Data Organization and Algorithms, 1993.

[203] 汪小帆, 李翔, 陈关荣. 网络科学导论. 北京: 高等教育出版社, 2012.

[204] Barabási A L, Bonabeau E. Scale-free networks. Scientific American, 2003, 288(5): 60.

[205] Watts D J, Strogatz S H. Collective dynamics of small world networks. Nature, 1998, 393(6684): 440-442.

[206] Kim J S, Goh K I, Kahng B, et al. Fractality and self-similarity in scale-free networks. New Journal of Physics, 2007, 9(6): 177.

[207] Wasserman S, Faust K. Social Network Analysis: Methods and Applications. Cambridge: Cambridge University Press, 1994.

[208] Ding G R, Wang J L, Wu Q H, et al. Joint spectral-temporal spectrum prediction from incomplete historical observations. 2014 IEEE Global Conference on Signal and

Information Processing (GlobalSIP), Atlanta, GA, USA, 2014.

[209] Ding G R, Wu F, Wu Q H, et al. Robust online spectrum prediction with incomplete and corrupted historical observations. IEEE Transactions on Vehicular Technology, 2017, 66(9): 8022-8036.

[210] Min R, Qu D M, Cao Y, et al. Interference avoidance based on multi-step-ahead prediction for cognitive radio // IEEE Singapore International Conference on Communication Systems, 2008: 227-231.

[211] Xie J X, Cheng C T, Chau K W, et al. A hybrid adaptive time-delay neural network model for multi-step-ahead prediction of sunspot activity. International Journal of Environment & Pollution, 2006, 28(3-4): 364.

[212] Bontempi G, Le Borgne Y A, Stefani J D. A dynamic factor machine learning method for multi-variate and multi-step-ahead forecasting. 2017 IEEE International Conference on Data Science & Advanced Analytics (DSAA), Tokyo, 2017.

[213] Bertalmio M. Image inpainting. Siggraph, 2005, 4(9): 417-424.

[214] Liu J, Musialski P, Wonka P, et al. Tensor completion for estimating missing values in visual data. IEEE Transactions on Pattern Analysis and Machine Intelligence, 2013, 35(1): 208-220.

[215] Li X, Orchard M T. New edge-directed interpolation. IEEE Transactions on Image Processing, 2001, 10(10): 1521-1527.

[216] Zhang X, Wu X. Image interpolation by adaptive 2-D autoregressive modeling and soft-decision estimation. IEEE Transactions on Image Processing, 2008, 17(6): 887-896.

[217] Wen X. Perceptual spectrum waterfall of pattern shape recognition algorithm. International Conference on Advanced Communication Technology, IEEE, 2016.

[218] Sun J C, Shen L P, Ding G R, et al. Predictability analysis of spectrum state evolution: performance bounds and real-world data analytics. IEEE Access, 2017, 5: 22760-22774.

[219] Mackiw G. A note on the equality of the column and row rank of a matrix. Mathematics Magazine, 1995, 68(4): 285-286.

[220] Altman N S. An introduction to kernel and nearest-neighbor nonparametric regression. The American Statistician, 1992, 46(3): 175-185.

[221] Lin Z C, Chen M M, Ma Y. The Augmented Lagrange Multiplier Method for Exact Recovery of Corrupted Low-Rank Matrices. https://arxiv.org/pdf/1009.5055.pdf[2019-03-27].

[222] Ko C H, Huang D H, Wu S H. Cooperative spectrum sensing in TV White Spaces: When cognitive radio meets cloud//Proc. IEEE INFOCOM Workshop Cloud Comput., 2011: 672-677.

[223] Pan M, Li P, Song Y, et al. When spectrum meets clouds: Optimal session based spectrum trading under spectrum uncertainty. IEEE J. Sel. Areas Commun., 2014, 32(3): 615-627.

[224] Ding G, Wang J, Wu Q, et al. Cellular-base-station-assisted device-to-device communications in TV white space. IEEE J. Sel. Areas Commun., 2016, 34(1): 107121.

[225] Reynolds A M. On the origin of bursts and heavy tails in animal dynamics. Physica A, 2011, 390(2): 245-249.

[226] Vespignani A. Predicting the behavior of techno-social systems. Science, 2009, 325(5939): 425-428.

[227] Song C M, Qu Z, Blumm N, et al. Limits of predictability in human mobility. Science, 2010, 327(5968): 1018-1021.

[228] Song C, Koren T, Wang P, et al. Modelling the scaling properties of human mobility. Nature Physics, 2010, 6(10): 818-823.

[229] Drutskoy D, Keller E, Rexford J. Scalable network virtualization in software-defined networks. IEEE Internet Computing, 2013, 17(2): 20-27.

[230] Sezer S, Scott-Hayward S, Chouhan P, et al. Are we ready for SDN? Implementation challenges for software-defined networks. IEEE Communications Magazine, 2013, 51(7): 36-43.

[231] Astuto B N, Mendonca M, Nguyen X N, et al. A Survey of software-defined networking: Past, present, and future of programmable networks. IEEE Communications Surveys & Tutorials, 2014, 16(3): 1617-1634.

[232] Demestichas P, Georgakopoulos A, Karvounas D, et al. 5G on the horizon: Key challenges for the radio-access network. IEEE Vehicular Technology Magazine, 2013, 8(3): 47-53.

[233] Sundaresan K, Arslan M Y, Singh S, et al. FluidNet: A flexible cloud-based radio access network for small cells. 19th Annual International Conference on Mobile Computing & Networking, 2013.

[234] Park S H, Simeone O, Sahin O, et al. Robust and efficient distributed compression for cloud radio access networks. IEEE Transactions on Vehicular Technology, 2013, 62(2): 692-703.

[235] Inmon W H. Building the Data Warehouse. New Jersey: John Wiley & Sons, 2005.

英文缩略语

1/2/3/4/5G	the first/second/third/fourth/fifth generation	第一/二/三/四/五/代
3GPP	the 3rd generation partnership project	第三代合作伙伴计划
ACROPOLIS	advanced coexistence technologies for radio optimisation in licensed and unlicensed spectrum	用于授权及未授权频谱中无线电优化的先进共存技术
ADMM	alternating direction method of multipliers	交替方向乘子法
AWGN	additive white Guassian noise	加性高斯白噪声
AP	access point	接入点
BS	base station	基站
C2POWER	cognitive radio and cooperative strategies for power saving in multi-standard wireless devices	用于多标准无线设备节能的认知无线电及合作战略
CBS	cell base station	蜂窝基站
CDF	cumulative distribution function	累积分布函数
COGEU	COGnitive radio systems for efficient sharing of TV white spaces in European context	用于欧洲背景下的电视白空间高效共享的认知无线电系统
ComSoC	communications society	通信协会
CR	cognitive radio	认知无线电
CrownCom	cognitive radio oriented wireless networks	面向无线网络的认知无线电
CS	cooperative sensing	合作感知
CSC	cognitive small cell	认知小蜂窝
CSe	cooperative sensor	合作感知用户
CU	cognitive user	认知用户
D2D	device-to-device	终端直通
DARPA	Defense Advanced Research Projects Agency	美国国防高级研究计划局

DoD	United States Department of Defense	美国国防部
DSA	dynamic spectrum access	动态频谱接入
DTV	digital television	数字电视
DySPAN	dynamic spectrum access networks	动态频谱接入网络
E2R	end-to-end reconfigurability	端到端重配置
E3	end-to-end efficiency	端到端效率
ECMA	European Computer Manufactures Association	欧洲计算机制造商协会
EGC	equal gain combining	等增益合并
ESI	essential science index	基本科学指标
ETSI	European Telecommunications Standards Institute	欧洲电信标准协会
FC	fusion center	融合中心
FCC	Federal Communications Commission	美国联邦通信委员会
FDA	Fisher discriminant analysis	费希尔判别分析
FPCA	fixed point continuation algorithm	固定点延续算法
GB	gigabyte	吉字节,十亿字节
GHz	gigahertz	吉赫,千兆赫兹
GSM	global system for mobile communications	全球移动通信系统
GlobalSIP	The IEEE Global Conference on Signal and Information Processing	电气电子工程师协会全球信号和信息处理会议
Ideal-BW-PC	ideal black-white power control	理想的黑–白功率控制
Ideal-Loc-BGW-PC	ideal localization-based black-grey-white power control	基于理想定位的黑–灰–白功率控制
IEEE	Institute of Electrical and Electronics Engineers	电气电子工程师协会
ISM	industrial scientificm medical	工业的、科学的、医学的
ITU	International Telecommunication Union	国际电信联盟
JSTSP	joint spectral-temporal spectrum prediction	联合时域与频域的频谱预测
KMC	K-means clustering	K均值聚类

KTH	KTH Royal Institute of Technology in Stockholm	瑞典皇家理工学院
LR	likelihood ratio	似然比
LRT	likelihood ratio test	似然比检验
LS	least square	最小二乘
LTE	long-term evolution	长期演进
MCS	mobile crowd sensing	移动群智感知
MHz	megahertz	兆赫, 百万赫兹
MICTP	maximum interference constrained transmit power	最大干扰受限的发射功率
MRC	maximum ratio combination	最大比合并
NCS	non-cooperative sensing	非合作感知
NNTSP	neural network-based temporal spectrum prediction	基于神经网络的时域频谱预测
N-P	Neyman-Pearson criterion	奈曼–皮尔逊准则
NP	non-polynomial	非多项式
Ofcom	Office of Communications	(英国) 通信管理局
OneFIT	Opportunistic Networks and Cognitive Management Systems for Efficient Application Provision in the Future Internet	用于未来互联网中高效应用供应的机会网络和认知管理系统
OC	optimal combination	最优合并
PDF	probability distribution function	概率分布函数
PPP	Poisson point process	泊松点过程
PRx	primary receiver	授权用户接收机
PSD	power spectral density	功率谱密度
PTx	primary transmitter	授权用户发射机
QoSMOS	quality of service and mobility driven cognitive radio system	服务质量和移动性驱动的认知无线电系统
REM	radio environment map	无线电环境图
RMSE	root mean squared error	均方根误差
ROC	receiver operating characteristic	接收机工作特性
SC	selective combination	选择式合并
SC-LS	spatial correlation-concerned local cooperative sensing	利用空域相关性的局部合作感知
SDR	software defined radio	软件无线电

SGB	spatial guard band	空域保护带
SOM	self-organizing map	自组织图
SS	spectrum sensor	频谱感知节点
SVD	singular value decomposition	奇异值分解
SVM	support vector machine	支持向量机
S-wo-A	sensing without abnormal data	不包含异常数据的感知
S-w-A-wo-D	sensing with abnormal data, without defense	包含异常数据的无防御感知
S-w-A-w-PDF	sensing with abnormal data, with perfect data filtering	包含异常数据的带有完美数据过滤的感知
S-w-A-w-PSF	Sensing with abnormal data, with perfect sensor filtering	包含异常数据的带有完美感知节点过滤的感知
S-w-A-w-ISF	sensing with abnormal data, with imperfect sensor filtering	包含异常数据的带有非完美感知节点过滤的感知
S-w-A-w-DC	sensing with abnormal data, with data cleansing	包含异常数据的带有数据净化的感知
TC-NCS	temporal correlation-concerned non-cooperative sensing	利用时域相关性的非合作感知
TC-CS	temporal correlation-concerned co-operative sensing	利用时域相关性的合作感知
TDS-BGW-PC	two dimensional sensing-based black-grey-white power control	基于二维感知的黑–灰–白功率控制
TVWS	TV white space	电视白空间
U-LTE	LTE in unlicensed spectrum	未授权频谱中的长期演进
VC	Vapnik-Chervonenkis dimension	VC 维
VTC	vehicular technology conference	车载技术会议
WCRP	worst case DTV receiver position	最坏情况下接收机的位置
WiFi	wireless fidelity	无线上网
WiMAX	worldwide interoperability for microwave access	全球微波接入互操作性
WLAN	wireless local area network	无线局域网
WNaN	wireless network after next	下一代无线网络
WRAN	wireless regional access network	无线区域网

索　引